石油和化学工业HSE丛书

华安HSE问答

第三册

设备安全

李　威 ◎主编

朱传伟　李名峰　蔡雅良 ◎副主编

 化学工业出版社

·北京·

内容简介

"石油和化学工业HSE丛书"由中国石油和化学工业联合会安全生产办公室组织编写，是一套为石油化工行业从业者倾力打造的专业知识宝典，分为华安HSE问答综合安全、工艺安全、设备安全、电仪安全、储运安全、消防应急6个分册，共约1000个热点、难点问题。本设备安全分册设4章，甄选126个热点问题，全面覆盖特种设备管理、设备管道管理、设备附件管理等设备安全关键要素，为特种设备、设备管道、设备附件的管理以及综合设备管理提供全方位解决方案。

无论是石油化工一线生产和管理人员、设计人员，还是政府及化工园区监管人员，都能从这套丛书中获取有价值的专业知识与科学指导，以此赋能安全管理升级，护航行业行稳致远。

图书在版编目（CIP）数据

华安HSE问答. 第三册，设备安全 / 李威主编；朱传伟，李名峰，蔡雅良副主编. -- 北京：化学工业出版社，2025. 5（2025. 7 重印）. --（石油和化学工业HSE丛书）. -- ISBN 978-7-122-47715-6

Ⅰ. TE687-44

中国国家版本馆CIP数据核字第2025Z4J776号

责任编辑：张　艳　宋湘玲　　　　　　装帧设计：王晓宇
责任校对：赵懿桐

出版发行：化学工业出版社
　　　　　（北京市东城区青年湖南街13号　邮政编码100011）
印　　装：北京云浩印刷有限责任公司
710mm×1000mm　1/16　印张11¼　字数134千字
2025年7月北京第1版第2次印刷

购书咨询：010-64518888　　　　　　售后服务：010-64518899
网　　址：http://www.cip.com.cn
凡购买本书，如有缺损质量问题，本社销售中心负责调换。

定　　价：98.00元　　　　　　　　　　版权所有　违者必究

"石油和化学工业 HSE 丛书"编委会

主　任: 李　彬

副主任: 庄相宁　查　伟　栾炳梅

编　委（按姓名汉语拼音排序）:

蔡明锋　蔡雅良　冯曙光　韩红玉　何继宏　侯伟国

贾　英　金　龙　李　宁　李双程　李　威　刘志刚

卢　剑　马明星　苗　慧　邱　娟　田向煜　王东梅

王宏波　王许红　王玉虎　闫长岭　杨宏磊　于毅冰

张　彬　张志杰　周芹刚　朱传伟

本分册编写人员名单

主　编：李　威

副主编：朱传伟　李名峰　蔡雅良

编写人员（按姓名汉语拼音排序）：

蔡明锋	蔡雅良	曹瑞军	陈忠田	程　浩	崔智博
戴治金	丁士育	冯　桂	顾春勇	李因田	李名峰
李　威	刘　杰	刘明月	刘　彤	吕志强	莫大荣
邱满意	王　成	王丹锋	王纷源	王丽红	王庆军
王世曾	王新龙	王兴虎	王　悦	王志君	卫奕帆
翁兴勇	吴恢庆	肖　萍	邢广权	徐红英	许德发
杨　兵	杨建忠	杨卫东	尹金宝	于云笠	张德伟
张佳宝	张同胜	赵宝刚	赵新宇	曾玉杰	张连华
张　芮	张汶华	张哲民	张志杰	周月强	朱传伟
朱海军	朱志峰	邹德刚			

在全面建设社会主义现代化国家的新征程上，习近平总书记始终将安全生产作为民生之本、发展之基、治国之要。党的二十大报告明确指出"统筹发展和安全"，为新时代石油化工行业安全生产工作指明了根本方向。

当前我国石化行业正处于转型升级的关键期，面对世界百年未有之大变局，安全生产工作肩负着新的历史使命。一方面，行业规模持续扩大、技术迭代加速带来新风险挑战；另一方面，人民群众对安全发展的期盼更加强烈，党中央对安全生产的监管要求更加严格。这要求我们必须以习近平新时代中国特色社会主义思想为指导，深入贯彻落实党的二十大精神，把党的领导贯穿安全生产全过程，以党建引领筑牢行业安全发展根基。

中国石油和化学工业联合会作为行业的引领者，始终以高度的使命感和责任感，将"推动行业 HSE 自律"作为首要任务，积极引导行业践行责任关怀。我们深刻认识到，提升行业整体安全管理水平，不仅是我们义不容辞的重要职责，更是我们对社会、对广大从业者应尽的庄严责任。

多年来，我们在行业自律与公益服务方面持续发力，积极搭建交流平台，组织各类公益培训与研讨会，凝聚行业力量，共同应对安全挑战。我们致力于传播先进的安全理念和管理经验，推动企业间的互帮互助与共同进步。同时，我们积极组织制定行业标准规范，引导企业自觉遵守安全法规，提升自律意识。

为了更好地服务行业，我们组织专家团队，历时五年精心打造了"石油和化学工业 HSE 丛书"。该丛书涵盖 6 个专业分册，覆盖石油化工各领域热点、难点和共性问题，通过系统、全面且深入的解答，为行业提供了极具价值的参考。

这套丛书是中国石油和化学工业联合会在引导行业安全发展方面的重要里程碑式成果，也是众多专家多年智慧与心血的璀璨结晶。它不仅能够切实帮助从业者提升专业素养，增强应对安全问题的能力，也必将有力推动行业整体安全管理水平实现质的飞跃。

新时代赋予新使命，新征程呼唤新担当。希望全行业以丛书出版为契机，充分发掘和利用这套丛书的价值，深入学习贯彻习近平总书记关于安全生产的重要指示精神，坚持用党的创新理论武装头脑，把党的领导落实到安全生产各环节。让我们以"时时放心不下"的责任感守牢安全底线，以"永远在路上"的坚韧执着提升安全管理水平，共同谱写石化行业安全发展新篇章，为建设世界一流石化产业体系、保障国家能源安全作出新的更大贡献！

中国石油和化学工业联合会党委书记、会长

李寿鹏

2025 年 5 月 4 日

在石油和化学工业的发展进程中，安全生产始终是悬于头顶的达摩克利斯之剑，关乎着行业的兴衰成败，更与无数从业者的生命福祉紧密相连。

近年来，随着社会对安全问题的关注度达到空前高度，安全监管力度也在持续强化。在这一背景下，化工作为高危行业，承受着巨大的安全管理压力。各类安全检查密集开展，安全标准如潮水般不断涌现，行业企业应接不暇，更面临诸多困惑与挑战。尤其是在安全检查的实际执行过程中，专家队伍专业能力的参差不齐，对安全标准理解和执行存在差异，导致检查效果大打折扣，引发了一系列争议，也在一定程度上影响了正常的生产经营活动。

中国石油和化学工业联合会安全生产办公室肩负着推动行业安全生产进步的重要使命，始终密切关注行业企业的诉求。自2020年起，我们积极搭建交流平台，依托HSE专家库组建了"华安HSE智库"微信群，汇聚了来自行业内的7000余位专家精英。大家围绕HSE领域的热点、难点及共性问题，定期开展线上研讨交流，在思维的碰撞与交融中，不断探寻解决问题的有效途径。

专家们将研讨成果精心梳理、提炼，以"华安HSE问答"的形式在中国石油和化学工业联合会安全生产办公室微信公众号上发布，至今已推出230多期。这些问答以其深刻的技术内涵和强大的实用性，受到了行业内的广泛赞誉，为从业者提供了宝贵的参考和指引。然而，随着时间的推移和行业的快速发展，这些问答逐渐暴露出内容较为分散，缺乏系统性的知识架构，检索和学习不便以及部分法规标准滞后等问题。

为紧密契合石油和化学工业蓬勃发展的需求，我们精心组建了一支阵容强大、经验丰富的专家团队。经过长达五年的精雕细琢，正式推出"石油和化学工业 HSE 丛书"。这套丛书共分为 6 个分册，涵盖了综合安全、工艺安全、设备安全、电仪安全、储运安全以及消防应急各个专业安全层面，是行业内众多资深专家潜心研究的智慧结晶，不仅反映了当今石油化工安全领域的最新理论成果与良好实践，更填补了国内石化安全系统化知识库的空白，开创了"问题导向—实战解析—标准迭代"的新型知识生产模式。丛书采用问答形式，内容简明扼要、依据充分、实用性强、查阅便捷，既可作为企业主要负责人、安全管理人员的案头工具书，也可为现场操作人员提供"即查即用"的操作指南，对当前石油化工安全管理实践具有重要指导意义。

其中，本设备安全分册作为丛书中的重要组成部分，设置了 4 章，精心选取了 126 个热点问题，全面覆盖了特种设备、设备管道、设备附件等设备安全的关键领域。通过详细、深入的问答解析，为特种设备、设备管道、设备附件的管理以及综合设备管理提供全方位解决方案。

本丛书亮点突出，特色鲜明：一是严格遵循"三管三必须"原则，深度聚焦安全专业建设与专业安全管理，以系统性的阐述推动全员安全生产责任制的全面落实。从石油化工领域的基础原理到复杂工艺，从常规设备到特殊装置，内容全面且系统，几乎涵盖了石油化工各专业可能面临的安全问题，为安全生产提供全方位的技术支撑。二是具备极强的实用性。紧密贴合石油化工行业实际工作需求，精准直击日常工作中的痛点与难点，以通俗易懂的语言答疑解惑，让从业者能够轻松理解并运用到实际操作中，切实提升安全管理与操作执行水平。三是充分反映行业最新监管要求、标准规范以及实践经验，为读者提供最前沿、最可靠的安全知识。

我们坚信，"石油和化学工业 HSE 丛书"的出版，将为石油化工行业的安全生产管理注入新的活力，助力大家提升专业素养和实践能力。同时，由于编者学识所限，书中难免存在疏漏与不当之处，我们真诚地希望行业内的专家和广大读者能够对本书提出宝贵的意见和建议，以便我们不断完善和改进。

最后，向所有参与本丛书编写、审核和出版工作的人员表示衷心的感谢。正是因为他们的辛勤付出和无私奉献，这套丛书才得以顺利与大家见面。我们期待着本丛书能够成为广大石油化工领域从业者的良师益友，在行业安全发展的道路上发挥重要的灯塔引领作用，为推动石油和化学工业的安全、可持续发展贡献力量。

编写组

2025 年 3 月

免责声明

　　本书系中国石油和化学工业联合会HSE智库专家日常研讨成果的总结。书中所有问题的解答仅代表专家个人观点，与任何监管部门立场无关。

　　书中所引用的标准条款，是基于专家的日常工作经验及对标准的理解整理而成，旨在为使用者日常工作提供参考。鉴于实际工作场景的多样性与复杂性，使用者应依据具体情况，审慎选择适用条款。

　　需特别注意的是，相关标准与政策处于持续更新变化之中，使用者务必选用最新版本的法规标准，以确保工作的合规性与准确性。

　　本书最终解释权归中国石油和化学工业联合会安全生产办公室所有。中国石油和化学工业联合会对任何机构或个人因引用本书内容而产生的一切责任与风险，均不承担任何法律责任。

目录 CONTENTS

HSE

HEALTH SAFETY
ENVIRONMENT

第一章
设备综合管理

构建设备管理顶层架构，统揽规划、选型、运维全流程，筑牢设备安全高效基石。

——华安

问 1 企业设备设施正常绝热施工作业需要检修、维修作业许可吗？

答： 保温作业属于设备设施检维修作业，若涉及特殊作业，办理检维修许可票证的同时，需按照《危险化学品企业特殊作业安全规范》（GB 30871—2022）办理相关联的动火作业、临时用电、高处作业等特殊作业许可证。

在非生产区域、动火区预制场、不涉及危险化学品和能量释放介质的保温作业，开具一般作业许可手续。

小结： 绝热施工作业本身属于一般作业，但是作业过程中需要动火、用电或高处施工时，需要办理相关的特殊作业许可。

问 2 只有一个固定电动葫芦的钢丝绳夹合规吗？

答： 不合规。相关参考如下：

参考1 《钢丝绳夹》（GB/T 5976—2006）

附录 A.2 钢丝绳夹的数量

对于符合本标准规定的适用场合，每一连接处所需钢丝绳夹的最少数量，推荐如表 A.1。

表 A 1

钢丝绳夹规格（钢丝绳公称直径）d_r/mm	钢丝绳夹的最少数量/组
≤18	3
>18～26	4
>26～36	5
>36～44	6
>44～60	7

参考2　《起重机械安全规程　第 1 部分：总则》（GB 6067.1—2010）

4.2.1.5　钢丝绳端部的固定和连接应符合如下要求：

a）用绳夹连接时，应满足表 1 的要求，同时应保证连接强度不小于钢丝绳最小破断拉力的 85%。

表 1　钢丝绳夹连接时的安全要求

钢丝绳公称直径/mm	≤19	19～32	32～38	38～44	44～60
钢丝绳夹最少数量/组	3	4	5	6	7

注：钢丝绳夹夹座应在受力绳头一边，每两个钢丝绳夹的间距不应小于钢丝绳直径的6倍。

小结： 起重设施用到的钢丝绳的末端卡扣，数量是有明确规定的，需严格执行标准的规定。

问 3　遥控阀门需不需要安装手轮？

答： 视具体情况而定。相关参考如下：

参考1 《自动化仪表选型设计规范》（HG/T 20507—2014）

11.9.7 手轮机构的设置应符合下列要求：

1. 未设置旁路的控制阀，应设置手轮机构。

2. 工艺生产安全联锁用于紧急切断阀的控制阀，不应设置手轮机构。

3. 手轮不应用于阀门的机械限位。

参考2 《石油库设计规范》（GB 50074—2014）

9.1.12 工艺管道上的阀门，应选用钢制阀门。选用的电动阀门或气动阀门应具有手动操作功能。公称直径小于或等于600mm的阀门，手动关闭阀门的时间不宜超过15min；公称直径大于600mm的阀门，手动关闭阀门的时间不宜超过20min。

参考3 《石油化工罐区自动化系统设计规范》（SH/T 3184—2017）

5.4.1.13 用于联锁切断进料的紧急切断阀，应在火灾危险区外设置现场手动关阀按钮或开关，用于危险情况时现场手动操作。

参考4 《立式圆筒形钢制焊接储罐安全技术规程》（AQ 3053—2015）

6.13 切断阀，储罐物料进出口管道靠近罐体处应设一个总切断阀。对大型储罐，应采用带气动型、液压型或电动型执行机构的阀门。当执行机构为电动型时，其电源电缆、信号电缆和电动执行机构应作防火保护。

切断阀应具有自动关闭和手动关闭功能，手动关闭包括遥控手动关闭和现场手动关闭。

参考5 《化工企业液化烃储罐区安全管理规范》（AQ 3059—2023）

6.1.1 液化烃压力式储罐的设计要求如下：a）新建储罐下部进、出物料管道上靠近储罐的第一道阀门应为紧急切断阀。紧急切断阀不应用于工艺过程控制，应按动力故障关设置，且应设置远程控制功能和手动执行机构（如手轮等），手动执行机构应有防止误操作的措施。

小结： 关于遥控阀门需不需要安装手轮，应根据具体使用场景、用途和相应规范要求进行确定。

问 4 罐区内仪表气源管必须是金属管吗？

答： 有防火要求的场合，仪表供气管路应选用不锈钢，其他场合可根据实际情况确定。相关参考如下：

参考1 《仪表供气设计规范》（HG/T 20510—2014）

8.1.1　供气系统的总管和干管配管，可选用不锈钢管或镀锌钢管。

8.1.2　气源球阀下游侧配管宜选用不锈钢管。

参考2 《石油化工仪表供气设计规范》（SH/T 3020—2013）

6.1.1　现场供气干管、支管可选用镀锌钢管或不锈钢管，连接管件应与管道材质一致。

6.1.2　气源球阀后及空气过滤器减压阀下游侧配管，宜选用不锈钢或带PVC（聚氯乙烯）护套的紫铜管，对有防火要求的场合，仪表供气管路应选用不锈钢。

参考3 《石油化工罐区自动化系统设计规范》（SH/T 3184—2017）

5.9.3　仪表供风管线宜采用镀锌钢管，螺纹镀锌管件连接，经过气源球后以及过滤器减压阀后宜采用不锈钢Tube管及管件。

小结： 仪表气源管是用来给仪表阀门供应气源的管路，气源管路故障，后果影响很大。工程和生产中良好实践普遍采用金属类的管道。

问 **5** 定义特种设备是按工作压力值还是设计值?

具体问题: 工作压力如何定义,常压操作,联锁值 0.2MPa,这个 0.2MPa 属于工作压力吗? 定义特种设备,是按工作压力值还是设计值?

答: 该压力非工作压力,压力联锁值要参考设计压力确定。是否属于特种设备,应根据设备的介质及其最高工作压力确定。相关参考如下:

‹ **参考1** 《压力容器 第一部分: 通用要求》(GB 150.1—2024)

3.1.3 工作压力

在正常工作情况下,容器顶部可能达到的最高压力。

3.1.4 设计压力

设定的容器顶部的最高压力。

注: 与相应的设计温度一起作为容器的基本设计载荷条件,其值不低于工作压力。

‹ **参考2** 《压力容器术语》(GB/T 26929—2011)

2.3 关于压力参数的术语

2.3.1 工作压力 P_w

在正常工作情况下,容器顶部可能达到的最高压力。

‹ **参考3** 《质检总局关于修订《特种设备目录》的公告》(2014 年第 114 号)

压力容器,是指盛装气体或者液体,承载一定压力的密闭设备,其范围规定为最高工作压力大于或者等于 0.1MPa (表压)的气体、液化气体和最高工作温度高于或者等于标准沸点的液体、容积大于或者等于 30L 且内直径(非圆形截面指截面内边界最大几何尺寸)大于或者等于 150mm 的固定式容器和移动式容器;盛装公称工作压力大于或者等于 0.2MPa (表压),且压力与容积的乘积大于或者等于 1.0MPa·L 的气体、液化气体和标准沸点等于或者低于 60℃ 液体的气瓶、氧舱。所以，特种设备中"压力容器"定义中的压力是指"工作压力"。

小结： 压力联锁值要参考设计压力确定。是否属于特种设备，应根据设备的介质及其最高工作压力确定。

问 6 液体管道底部为无缝焊接，将电缆、可燃液体管道、冷却水管道放在一个管沟里是否合理？

答： 不合理。相关参考如下：

参考1 《建筑设计防火规范》GB 50016—2014（2018 版）

10.2.2 电力电缆不应和输送甲、乙、丙类液体管道、可燃气体管道、热力管道敷设在同一管沟内。

参考2 《电力工程电缆设计标准》（GB 50217—2018）

5.1.9 在隧道、沟、浅槽、竖井、夹层等封闭式电缆通道中，不得布置热力管道，严禁有可燃气体或可燃液体的管道穿越（强制条款）。

参考3 《石油库设计规范》（GB 50074—2014）

14.1.6 电缆不得与易燃和可燃液体管道、热力管道同沟敷设。

小结： 即使液体管道为无缝焊接，也不应将电缆、可燃液体管道布置在同一个管沟里。

问 7 防雷接地引下线接至防护栏杆，对于借用部分防护栏杆作为引下线路径的操作，是否有规范明确允许或禁止这样做？

答： 没有禁止的条文。相关参考如下：

参考1 《建筑物防雷设计规范》（GB 50057—2010）

4.3.8 防止雷电流流经引下线和接地装置时产生的高电位对附近金属物或电气和电子系统线路的反击，应符合下列要求：

1. 在金属框架的建筑物中或在钢筋连接在一起、电气贯通的钢筋混凝土框架的建筑物中金属物或线路与引下线之间的间隔距离可无要求；其他情况下，金属物或线路与引下线之间的间隔距离应按下式计算：

$$S_{a3} \geqslant 0.06k_c l_x \qquad (4.3.8)$$

式中 S_{a3}——空气中的间隔距离，m；

k_c——分流系数，按本规范附录 E 的规定取值；

l_x——引下线计算点到连接点的长度，m，连接点即金属物或电气和电子系统线路与防雷装置之间直接或通过电涌保护器相连之点。

2. 当金属物或线路与引下线之间有自然或人工接地的钢筋混凝土构件、金属板、金属网等静电屏蔽物隔开时，金属物或线路与引下线之间的间隔距离可无要求。

3. 当金属物或线路与引下线之间有混凝土墙、砖墙隔开时，其击穿强度应为空气击穿强度的1/2。当间隔距离不能满足本条第1款的规定时，金属物应与引下线直接相连，带电线路应通过电涌保护器与引下线相连。

5.3.5 建筑物的钢梁、钢柱、消防梯等金属构件，以及幕墙的金属立柱宜作为引下线，但其各部件之间均应连成电气贯通，可采用锌合金焊、熔焊、卷边压接、缝接、螺钉或螺栓连接；其截面应按本规范表 5.2.1 的规定取值；各金属构件可覆有绝缘材料。

参考2 《石油化工装置防雷设计规范》（GB 50650—2011）

6.2.2 明敷引下线应根据腐蚀环境条件选择，宜采用热镀锌圆钢或扁钢，圆钢直径不应小于 8mm，扁钢截面积不应小于 50mm²，厚度不应小于 2.5mm。

小结： 防雷接地引下线接在防护栏杆上，引下线附近的金属物，在金属框架的建筑物中或在钢筋连接在一起、电气贯通的钢筋混凝土框架的建筑物中无距离要求；间隔距离不能满足《建筑物防雷设计规范》（GB 50057—2010）4.3.8 第 1 款的规定时，金属物应与引下线直接相连；防护栏杆若参与引下线部分时，材料、结构与最小截面符合要求，应与接闪器、接地装置之间连成电气连通。

问 8　空气分离属于公辅设施还是危险化学品生产装置？

答： 根据具体情况而定。

按照建设主体形式来分，作为生产工业气体进行专业化商品交易的装置，需取得危险化学品安全生产许可证；使用工业气体作为原料和动力的企业自行建设运营的装置，不作为产品出厂，按照公辅系统进行管理。相关参考如下：

> **参考** 应急管理部《关于政协第十三届全国委员会第四次会议第 1680 号（工交邮电类 278 号）提案答复的函》（应急提函〔2021〕81 号）

空气分离（简称空分）项目是利用空分装置，把空气中的各组分分离，所分离出的氮气、氧气、氩气等工业气体产品，广泛应用于石油、化工、煤化工、有色、冶金、电子、机械加工、航天航空、医疗卫生、食品饮料等基础工业行业，对国民经济社会发展具有重要作用。空气分离项目按照建设主体来分，一般包括两种形式，一种是由需要工业气体作为原料的企业自行建设运营，如钢铁厂配套建设制氧厂；另一种是工业气体专业化运营公司，为其他企业配套建设提供工业气体，专业化运营越来越普遍。因工业气体多属于危险化学品，为强化安全监管，原国家安全监管总局明确对第一种形式由行业主管部门进行监管，无需取得危险化学品安全生产许可证；对第二种形式作为危险化学品生产企业进行监管，需取得危险化学品安全生产许可证。

小结： 按照建设主体形式来分，作为生产工业气体进行专业化商品交易的装置，需取得危险化学品安全生产许可证；使用工业气体作为原料和动力的企业自行建设运营的装置，不作为产品出厂，按照公辅系统进行管理。

问 9 石化装置里的高架火炬可以布置在工艺装置界区内吗？

答： 高架火炬一般不布置在工艺装置区内。相关参考如下：

> **参考** 《石油化工企业设计防火标准》GB 50160—2008（2018版）
>
> 可能携带可燃液体的高架火炬与甲、乙、丙类工艺装置（单元）、全厂重要设施、地上可燃液体储罐、可燃气体储罐、液化烃储罐等危险设施的防火间距不应小于90m。

需要综合考虑，如是否带液、毒性以及火炬高度、费用和占地等因素。需要计算火炬热辐射影响圈，圈内不能有工艺装置。装置红线内，经常有人员操作的部位，对应不同的辐射热流密度及半径，需要核算。

小结： 石化装置里的高架火炬，不能布置在工艺装置界区内，一般是单独成区布置在企业边缘。

问 10 可燃液体离心泵的出口是否一定要安装止回阀？

答： 应安装止回阀。相关参考如下：

> ⟨ **参考** 《石油化工设计防火设计标准》GB 50160—2008（2018 年版）

7.2.11 离心式可燃气体压缩机和可燃液体泵应在其出口管道上安装止回阀。

问 **11** 精细化工企业泄爆缓冲罐安装在楼顶，直接排空的泄放管口是否应高出建筑物顶 3m 以上？

具体问题： 泄爆缓冲罐安装在楼顶，基本上无人经过，泄放口与泄爆缓冲罐之间有水封（如图），是否需要执行《精细化工企业工程设计防火标准》（GB 51283—2020）"5.7.5 安全泄放设施的出口管应接至焚烧、吸收等处理设施。受工艺条件或介质特性限制，无法排入焚烧、吸收等处理设施时，可直接向大气排放，但其排放管口不得朝向邻近设备、消防通道或有人通过的地方，且应高出 8m 范围内的平台或建筑物顶 3m 以上"？

答: 需要。参照以下标准执行:

> **参考** 《精细化工企业工程设计防火标准》(GB 51283—2020)

　　5.7.5　安全泄放设施的出口管应接至焚烧、吸收等处理设施。受工艺条件或介质特性限制,无法排入焚烧、吸收等处理设施时,可直接向大气排放,但其排放管口不得朝向邻近设备、消防通道或有人通过的地方,且应高出 8m 范围内的平台或建筑物顶 3m 以上。

小结: 精细化工企业泄爆缓冲罐安装在楼顶,直接排空的泄放管口应高出 8m 范围内的平台或建筑物顶 3m 以上。

问 12 具有化学灼伤危害的溶剂回流管道是否可采用玻璃材质?

答: 不可以。

> **参考** 《化工企业安全卫生设计规范》(HG 20571—2014)

　　第 5.6.2 条　具有化学灼伤危害的物料不应使用玻璃等易碎材料制成管道、管件、阀门、流量计、压力计等。

小结: 具有化学灼伤危害的溶剂回流管道不应采用玻璃材质。

问 13 事故水池加装栏杆有什么要求?

答: 主要从结构形式、栏杆高度、扶手、中间栏杆、立柱和踢脚板等方面进行考虑。相关要求应执行《固定式钢梯及平台安全要求　第 3 部分:工业防护栏杆及钢平台》(GB 4053.3—2009)的规定。

> **参考** 《固定式钢梯及平台安全要求　第 3 部分:工业防护栏杆及钢平台》(GB 4053.3—2009)

5　防护栏杆结构要求

5.1　结构形式

5.1.1　防护栏杆应采用包括扶手（顶部栏杆）、中间栏杆和立柱的结构形式或采用其他等效的结构。

5.1.2　防护栏杆各构件的布置应确保中间栏杆（横杆）与上下构件间形成的空隙间距不大于 500mm，构件设置方式应阻止攀爬。

5.2　栏杆高度

5.2.1　当平台、通道及作业场所距基准面高度小于 2 m 时，防护栏杆高度应不低于 900mm。

5.2.2　在距基准面高度大于等于 2m 并小于 20m 的平台，通道及作业场所的防护栏杆高度应不低于 1050mm。

5.2.3　在距基准面高度不小于 20m 的平台、通道及作业场所的防护栏杆高度应不低于 1200mm。

5.3　扶手

5.3.1　扶手的设计应允许手能连续滑动。扶手末端应以曲折端结束，可转向支撑墙，或转向中间栏杆，或转向立柱，或布置成避免扶手末端突出结构。

5.3.2　扶手宜采用钢管，外径应不小于 30mm，不大于 50mm。采用非圆形截面的扶手，截面外接圆直径应不大于 57mm，圆角半径不小于 3mm。

5.3.3　扶手后应有不小于 75mm 的净空间，以便于手握。

5.4　中间栏杆

5.4.1　在扶手和踢脚板之间，应至少设置一道中间栏杆。

5.4.2　中间栏杆宜采用不小于 25mm×4mm 扁钢或直径 16mm 的圆钢。中间栏杆与上、下方构件的空隙间距应不大于 500mm。

5.5　立柱

5.5.1　防护栏杆端部应设置立柱或确保与建筑物或其他固定结构牢固

连接，立柱间距应不大于 1000mm。

5.5.2 立柱不应在踢脚板上安装，除非踢脚板为承载的构件。

5.5.3 立柱宜采用不小于 50mm×50mm×4mm 角钢或外径 30～50mm 钢管。

5.6 踢脚板

5.6.1 踢脚板顶部在平台地面之上高度应不小于 100mm，其底部距地面应不大于 10mm。踢脚板宜采用不小于 100mm×2mm 的钢板制造。

5.6.2 在室内的平台，通道或地面，如果没有排水或排除有害液体要求，踢脚板下端可不留空隙。

小结： 相关要求应执行《固定式钢梯及平台安全要求 第 3 部分：工业防护栏杆及钢平台》（GB 4053.3—2009）的规定。

问 14 对紧靠建筑物、构筑物或室内布置的二氧化碳放空管的高度有要求吗？

答： 应高出建筑物、构筑物 2m 以上。相关参考如下：

参考 《化工装置设备布置设计规定 第 2 部分：设计工程规定》（HG/T 20546.2—2009）

5.1.2 紧靠建筑物、构筑物或室内布置的设备放空管，应高出建筑物、构筑物 2m 以上。

小结： 二氧化碳为有害气体，故其放空高度应保证安全排放。

问 15 液氨制冷机泵需要设置为防爆型吗？

答： 需要根据设计院编制的爆炸区域划分图确定。相关参考如下：

参考 1 《爆炸危险环境电力装置设计规范》（GB 50058—2014）

附录 C 可燃性气体或蒸气爆炸性混合物分级、分组 举例分级序号为 100 的氨为可燃性气体，其级别为 ⅡA，温度组别为 T1。

参考 2 《冷库设计标准》（GB 50072—2021）

第 7.2.7 条 条文说明：采用氨（含氨和二氧化碳复合）为制冷剂的氨制冷机房属于正常运行时不太可能形成爆炸性气体混合物的环境场所。而针对发生制冷剂泄漏需要紧急排出散发在机房内氨气的事故，采取了基于假定某制冷管道断裂的事故排风措施，排风量按 183m³/(m² · h) 进行事故排风计算，可以保证机房通风的空气流量能使氨气稀释到 4% 以下；同时为避免因通风设备故障带来的风险，又采取了氨制冷机房氨气探测报警系统在其爆炸下限浓度 25% 气体浓度值时，紧急切断机房的供电电源（机房事故排风机和应急照明的供电电源除外）的措施。因此，按现行国家标准《爆炸危险环境电力装置设计规范》GB 50058—2014 的有关规定，氨制冷机房可以定为通风良好场所，并可以降低其爆炸危险区域的等级。此外，根据中华人民共和国成立以来，我国食品冷冻、冷藏制冷行业的运行经验，尚未有氨制冷机房运行过程中氨泄漏时因电气火花引发爆炸事故的报告。故氨制冷机房内正常工作的电力装置未要求按爆炸性气体环境进行电气设计。

小结： 液氨制冷机泵房为爆炸性气体环境，所有电气设备包括制冷机泵应根据设计院绘制审核的爆炸区域划分图来确定。

问 **16** 石油化工企业全厂性的循环水场冷却塔是否属于重要设施？

答： 全厂性的循环水场冷却塔属于全厂第二类重要设施。相关参考如下：

参考 《石油化工企业设计防火标准》GB 50160—2008（2018版）重要设施定义及条文说明

2.0.5 全厂性重要设施发生火灾时，影响全厂生产或可能造成重大人身伤亡的设施。全厂性重要设施可分为以下两类。

第一类：发生火灾时可能造成重大人身伤亡的设施。

第二类：发生火灾时影响全厂生产的设施。

条文说明：

2.0.5 第一类全厂性重要设施主要指全厂性的办公楼、中央控制室、化验室、消防站、电信站消防水泵房（站）等。

第二类全厂性重要设施主要指全厂性的锅炉房和自备电站变电所、空压站、空分站、消防水泵房（站）、循环水场的冷却塔等。

小结： 全厂性的循环水冷却塔属于第二类重要设施。

问 **17** 设备、管道的测厚点位怎样设置？

答： 1. 管道的测厚点首选弯头和靠近焊缝附近母材处，周向选择4个点或者8个点。

2. 流速发生变化的变径、弯头、三通等部位；相变部位；设备底部排凝部位、顶部放空线等根部位置。依据介质流动声音、管道振动状态、仪器检测和经验，判断流速变化位置，然后检测验证。相关参考如下：

参考1 《常压立式圆筒形钢制焊接储罐维护检修规程》（SHS 01012—2004）

3.2.10 罐壁下部二圈壁板的每块板沿竖向至少测2个点，其他圈板可沿盘梯每圈板测1个点。测厚点应固定，设有标志，并按编号做好测厚记录。

根据储罐类型，对拱顶罐等罐顶布置测厚点。罐顶开口位置，如检修孔、卸爆孔附近；人员检查路线位置；开罐检修发现的顶部易腐蚀部位等。

参考2 《地上石油储（备）库完整性管理规范》（GB/T 42097—2022）

8.3.2.2 定期检验的具体要求如下：地上石油储（备）库的工艺管道定期检验周期按照 TSGD 7005 相关要求执行，重点检测部位包括：

a）运行频次较低的管段、盲封头、相对位置低洼处管段、出现过泄漏的管段、应力集中以及突变管段等需要作为检测的重点部位。

b）检测对象包括焊缝、管道本体、管件、补偿器等。

参考3 《压力管道定期检验规则 工业管道》（TSG D7005—2018）

2.4.2.2 壁厚测定，一般采用超声测厚方法。测定位置应当具有代表性，并应有足够的壁厚测定点数。壁厚测定应当绘制测定点简图，图中应当标注测定点位置和记录测定的壁厚值。测定点位置选择和抽查比例应当符合以下要求：

测定点的位置，重点选择易受腐蚀、冲蚀，制造成型时壁厚减薄和使用中易产生变形、积液、相变、冲刷、磨损部位、超声导波检测、电磁检测、RT 以及其他方法检查发现的可疑部位，支管连接部位等。

小结： 管道和设备的测厚点选择要具有代表性，要选择腐蚀程度最为严重的重点部位。

问 18 竖梯护笼顶部需要设置人员防倒梯梁（在直爬梯顶端设置活动护杆或链条防护）吗？

答： 需要设置。相关参考如下：

参考1 《固定式钢梯及平台安全要求 第1部分：钢直梯》（GB 4053.1—2009）

5.3.2 当梯段高度大于 3m 时，宜设置安全护笼。当梯段高度大于 7m 时，应设置安全护笼。当攀登高度小于 7m，但梯子顶部在地面、地板或屋顶之上高度大于 7m 时，也应设置安全护笼。

5.3.3 当护笼用于多段梯时，每个梯段应与相邻的梯段水平交错并有足够的间距，设有适当空间的安全进、出引导平台，以保护使用者的安全。

参考2 《机械安全 固定式直梯的安全设计规范》（GB/T 31254—2014）

6 安全门

潜在的危险区域，如梯子顶部与到达面的扶手之间的间隙，应有一个完整的深度自关闭活门进行防护。

小结： 竖梯护笼顶部需要设置人员防倒的措施。

问 19 钢直梯立杆设三条还是五条该怎么判断？

答： 立杆的数量通过视觉检查。相关参考如下：

参考 《固定式钢梯及平台安全要求 第1部分：钢直梯》（GB 4053.1—2009）

5.7.1 护笼宜采用圆形结构，应包括一组水平笼箍和至少 5 根立杆。其等效机构也可采用。

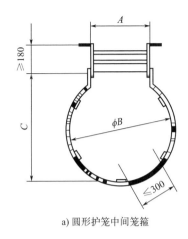

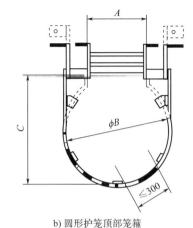

a) 圆形护笼中间笼箍　　　　　　　　　　b) 圆形护笼顶部笼箍

$A = 400 \sim 600mm; B = 650 \sim 800mm; C = 650 \sim 800mm$

小结： 护笼的水平笼箍和立杆数量满足标准要求数量即可，目视即可判断。

问 20　当爬梯护笼的高度为多少时必须设一个休息平台？

答： 不同的标准有一定的差异。相关参考如下：

‹ 参考1 《建筑施工高处作业安全技术规范》（JGJ 80—2016）

5.1.8　使用固定式直梯攀登作业时，当攀登高度超过 3m 时，宜加设护笼；当攀登高度超过 8m 时，应设置梯间平台。

‹ 参考2 《固定式钢梯及平台安全要求　第1部分：钢直梯》（GB 4053.1—2009）

5.3.3　当护笼用于多段梯时，每个梯段应与相邻的梯段水平交错并有足够的间距，设有适当空间的安全进、出引导平台，以保护使用者的安全。

‹ 参考3 《机械安全　接近机械的固定设施　第4部分：固定式直梯》（GB/T 17888.4—2020）

4.3.3　直梯系统总高度 $H > 10000mm$ 应按以下要求设计：一梯段最

大高度 h 不大于 6000mm 的交错梯段，且配备安全护笼；一交错梯段，且配备防坠器；一单梯段，且配备防坠器。对于未经培训的使用者，只能采用配备了护笼的交错梯段。无法使用护笼时，应提供个体防护装备。

4.4.2.4　总高度 H < 24000mm 且配备防坠器的直梯：应提供间隔小于或等于 12000mm 的休息平台。如果没有足够的空间，可安装满足 5.6.4 的活动式休息梯台。

◀ **参考4** 《立式圆筒形钢制焊接油罐设计规范》（GB 50341—2014）

10.10　盘梯、平台及栏杆

10.10.2　当顶部平台距地面的高度超过 10m 时，应设置中间休息平台。

小结： 爬梯护笼设置休息平台，根据所属行业的不同，满足相应的标准即可。

问 **21** 管廊下不允许布置储运系统可燃液体泵房依据哪个规范？

答： 根据 SH/T 3014—2012 要求，液化烃、可燃液体泵区不宜布置主管桥下方。若在泵区上方布置桥架时，应用不燃烧材料的隔板隔离保护。相关参考如下：

◀ **参考** 《石油化工储运系统泵区设计规范》（SH/T 3014—2012）

4.3.7　液化烃、可燃液体泵区不宜布置主管桥下方。若在泵区上方布置桥架时，应用不燃烧材料的隔板隔离保护。

问 **22** 甲醇、粗酚已构成三级重大危险源，且储存量超过 10000 立方米，储罐是否需要安装紧急切断阀？

答： 需要设置。相关参考如下：

> ‹ **参考** 《立式圆筒形钢制焊接储罐安全技术规程》(AQ 3053—2015)

6.13　切断阀

储罐物料进出口管道靠近罐体处应设一个总切断阀。对大型储罐，应采用带气动型、液压型或电动型执行机构的阀门。当执行机构为电动型时，其电源电缆、信号电缆和电动执行保护机构应做防火措施。

切断阀应具有自动关闭和手动关闭功能，手动关闭包括遥控手动关闭和现场手动关闭。

小结： 超过 10000 立方米的储罐，属于大型储罐的范畴，依据 AQ 3053 的相关要求，应当安装紧急切断阀。

问 23　请问压力表红线划在工作压力还是压力上限？

答： 上限。相关参考如下：

> ‹ **参考** 《锅炉安全技术规程》(TSG 11—2020)

5.2.3　压力表应当定期进行校验，刻度盘上应当划出指示工作压力的红线，并且注明下次校验日期。压力表校验后应当加铅封。

小结： 压力表的刻度盘上应当划出指示最高工作压力的红线。

问 24　丙类厂房里面可以放叉车充电桩吗？

答： 可以放置，位置需要具体分析后确定。

叉车在充电过程中电瓶可能产生电火花，形成引火源，引发火灾。根据生产物品的火灾危险性，丙类厂房内物质具有可燃性，存在被引燃的可能。需根据实际的火灾风险评估情况确定充电桩的安装位置。相关参考如下：

参考1 《物流建筑设计规范》（GB 51157—2016）

9.9.1　搬运车辆的充电间（区）可设在除危险品物流建筑外的物流建筑内或与之贴邻，有蓄电池维修功能的充电设施，宜设置为独立建筑。蓄电池充电设施可集中或分区布置。

9.9.2　充电间（区）应符合下列规定：

1. 充电间（区）应远离明火、高温、潮湿和人员密集作业场所；

2. 不得在充电间（区）内设置车辆或电池的解体、焊装等维修场地；

3. 物流建筑内的充电间（区）宜靠外墙布置；

4. 充电区不应设在上方可能有落物或因管道破裂泄漏液体的区域；

5. 充电间（区）的面积应根据充电形式及充电设备数量确定；

6. 整车充电间（区）车辆的最高点与顶板下安装的灯具及门洞上沿的间距不宜小于300mm；

7. 充电区净高度不应小于5m，与其他区域的安全距离不应小于5m；

8. 充电间（区）应采用不发火地面，门窗、墙壁、顶板（棚）、地面等应采用耐酸（碱）腐蚀的材料或防护涂料；

9. 物流建筑内的充电间应采用防火墙和楼板与其他区域隔开，通向物流建筑的门应采用甲级防火门；

10. 充电间入口处宜设置人体静电释放装置。

参考2 《仓储场所消防安全管理通则》（XF 1131—2014）

7.5　车辆加油或充电应在指定的安全区域进行，该区域应与物品储存区和操作间隔开。

参考3 《石油化工企业汽车、叉车运输设施设计规范》（SH/T 3033—2017）

8.3.1　叉车充电设施应布置在叉车集中使用场所附近，位于爆炸危险区域以外，并宜位于可燃气体、液化烃和甲 B、乙 A 类设备全年最小频率风向的下风向。

8.3.4　叉车充电设施与周围设施的防火间距，应符合 GB 50016—2014 和 GB 50160—2008 的规定。

8.3.9　充电间应强制通风。

‹ **参考 4**　《工业车辆　电气要求》（GB/T 27544—2011）

7.2.2　充电区域应有足够的通风以防止氢气的聚集。

‹ **参考 5**　《工业车辆　使用、操作与维护安全规范》（GB/T 36507—2023）

5.1.1　充电站应设置在指定的区域内。充电站应备有冲洗和中和溢出电解液的设备、驱散从蓄电池中排出气体的适当通风设施、消防设施、防止工业车辆损坏充电装置的措施，同时，应采取措施以防出现明火、火花或电弧。在充电区域内禁止吸烟并用标牌警告。

小结： 丙类厂房里可以设置叉车充电桩，建议设置一个专门区域，做好防火分区，满足有关的防火间距，另外充电桩应做好防火措施。如果条件允许，建议在叉车集中使用场所附近单独设置一个充电间。

问 **25**　安全阀的前后手阀阀杆必须水平安装吗？

答： 根据实际情况，遵循设计。相关参考如下：

‹ **参考**　《石油化工金属管道布置设计规范》（SH 3012—2011）

10.2.10　当安全阀进出口管道上设有切断阀时，应封开或锁开；当切断阀为闸阀时，阀杆应水平安装。

小结： 安全阀属于重要的安全泄压设施，其前后的手阀如果采用闸阀，阀杆应当水平安装，如果竖直安装，会存在闸板脱落的风险。

问 **26** 水平管道上的闸阀阀杆可以垂直向下安装吗？

答： 一般情况下，不行。

‹ 参考1 《石油化工金属管道布置设计规范》（SH 3012—2011）

10.1.9 水平管道上阀门的阀杆方向不得垂直向下，阀杆方向可按下列顺序确定：a）垂直向上；b）水平；c）向上倾斜45°；d）向下倾斜45°。

10.1.10 低温介质管道上的阀门宜安装在水平管道上，阀杆方向宜垂直向上。

备注：尽量按照 a、b、c、d 的顺序选择安装方向。

‹ 参考2 《工业金属管道工程施工规范》（GB 50235—2010）

7.10.4 阀门安装位置应易于操作、检查和维修。水平管道上的阀门，其阀杆及传动装置应按设计规定进行安装，动作应灵活。

小结： 闸阀没有严格的安装方向限制，但不推荐阀杆向下的倒装方式，一是会使介质长期留存在阀盖空间，容易腐蚀阀杆，更换填料也极为不便。二是考虑到操作和维护的便利性，闸阀安装方向应易于操作和维护，避免受到外力的影响或被埋藏在地下难以维修。

问 **27** 两个法兰尺寸规格不一致，可以配套使用吗？

具体问题： 阀门法兰12个螺栓孔，管道上法兰8个螺栓孔。两个相配只能穿4个螺栓，介质无毒、压力0.08MPa。可以配套使用吗？为什么？

答： 不可以。相关参考如下：

> **参考** 《工业金属管道工程施工规范》(GB 50235—2010)

7.3.3　法兰连接应与钢制管道同心，螺栓应能自由穿入。法兰螺栓孔应跨中布置，法兰间应保持平行，其偏差不得大于法兰外径的 0.15%，且不得大于 2mm。法兰接头的歪斜不得用强紧螺栓的方法消除。

7.3.4　法兰连接应使用同一规格螺栓，安装方向应一致。螺栓应对称紧固。螺栓紧固后应与法兰紧贴，不得有楔缝。当需要添加垫圈时，每个螺栓不应超过一个。所有螺母应全部拧入螺栓，且紧固后的螺栓与螺母宜齐平。

小结： 法兰的连接必须按照设计的标准尺寸安装，两个法兰的尺寸规格必须保持一致，所有螺栓孔应全部安装螺栓。

问 **28** 储罐安全液封算不算泄压设施？

答： 储罐安全液封不能作为泄压设施。相关参考如下：

> **参考1** 《承压设备安全泄放装置选用与安装》(GB/T 37816—2019)

4.1　安全泄放装置包括直接连接在承压设备上的安全阀、爆破片装置、易熔合金塞泄放装置、针销式泄放装置，以及组合泄放装置。

4.3　安全泄放装置的选用与安装，应符合 TSG 21 等安全技术规范和承压设备标准的要求。

> **参考2** 《压力容器　第一部分：通用要求》(GB/T 150.1—2024)

5.3.3 a) 容器上装有超压泄放装置时，按附录 B 确定设计压力。

> **参考3** 《石油化工装置安全泄压设施工艺设计规范》(SH/T 3210—2020)

3.1.1　安全泄压设施

一种用来在压力系统处于紧急或异常状况时防止其内部介质压力升高到超过规定安全值的设施。

注：本规范中的安全泄压设施限指安全阀和爆破片。其他安全泄压设施如呼吸阀、爆破针阀、折断销、易熔塞等不在本规范适用范围内。

第 3.1.1 的术语定义中，泄压设施不包含液封。

小结： 根据安全泄压设施的定义概念，液封不属于安全泄压设施。

问 29　立方米氮封常压储罐，可不可以用呼吸阀代替泄压人孔？

答： 不可以。两者的设计功能、泄压能力、压力设定等均不相同，不可以单纯用呼吸阀代替泄压人孔，相关参考如下：

参考1 《石油化工储运系统罐区设计规范》（ SH/T 3007—2014 ）

5.1.5　采用氮气或其他惰性气体密封保护系统的储罐应设事故泄压设备，并应符合下列规定：

a）事故泄压设备的开启压力应高于呼吸阀的排气压力并应小于或等于储罐的设计正压力；

b）事故泄压设备应满足氮封或其他惰性气体密封管道系统或呼吸阀出现故障时保障储罐安全的通气需要；

c）事故泄压设备可直接通向大气；

d）事故泄压设备宜选用直径不小于 DN500 的紧急放空人孔盖或呼吸人孔。

参考2 《石油库设计规范》（ GB 50074—2014 ）

6.4.6　采用氮气密封保护系统的储罐应设事故泄压设备，并应符合下列规定：

1. 事故泄压设备的开启压力应大于呼吸阀的排气压力，并应小于或等于储罐的设计正压力。

2. 事故泄压设备的吸气压力应小于呼吸阀的进气压力，并应大于或等于储罐的设计负压力。

3. 事故泄压设备应满足氮气管道系统和呼吸阀出现故障时保障储罐安全通气的需要。

4. 事故泄压设备可直接通向大气。

5. 事故泄压设备宜选用公称直径不小于 500mm 的呼吸人孔。如储罐设置有备用呼吸阀，事故泄压设备也可选用公称直径不小于 500mm 的紧急放空人孔盖。

小结： 不可以用呼吸阀代替紧急泄压人孔。

问 30 储罐顶部加围栏的依据是什么？

答： 相关参考如下：

‹ **参考1** 《立式圆筒形钢制焊接储罐安全技术规程》（AQ 3053—2015）

6.14　梯子、扶手和平台

储罐的梯子和平台应满足如下要求：

a）储罐应设梯子和平台，当梯高大于 8 m 时，宜设置梯间休息平台；

b）储罐的罐顶沿圆周应设置整圈护栏及平台，通往操作区域的走道宜设置防滑踏步，踏步至少一侧宜设栏杆和扶手，罐顶中心操作区域应设置护栏和防滑踏步。

c）大型外浮顶储罐的顶部抗风圈上宜安装扶手或其它防摔倒的装置。

‹ **参考2** 《立式圆筒形钢制焊接油罐设计规范》（GB 50341—2014）

10.10　盘梯、平台及栏杆

10.10.4　当到固定顶上操作时，必须在固定顶上设置栏杆，通道上应设置防滑条或踏步板。

10.10.5　当抗风圈作为操作平台及走道使用时，在其周围必须设置栏杆。

小结： 储罐的罐顶存在人员操作的通道或平台时，为了防止人员或工机具的滑落或滚落，需要在罐顶边缘设一圈护栏和平台。

问 **31** 汽车吊主钩钢丝绳禁止缠绕在一起的依据是什么？

答： 相关参考如下：

◄ **参考1**　《起重机械安全规程　第1部分：总则》（GB/T 6067.1—2010）

17.2.5　（1）起重钢丝绳或起重链条不得产生扭结；（2）多根钢丝绳或链条不得缠绕在一起。

◄ **参考2**　《石油化工建设工程施工安全技术标准》（GB/T 50484—2019）

5.2.32　钢丝绳不得成锐角折曲、扭结，不得因受夹、受砸而成扁平状，当钢丝绳有断股、松散、扭结时不得使用。

◄ **参考3**　《石油化工大型设备吊装工程规范》（GB 50798—2012）

7.2.4　钢丝绳的使用应符合下列规定：

1　钢丝绳放组时应防止发生扭钳现象。

◄ **参考4**　《大型设备吊装安全规程》（SY 6279—2022）

9.2.17　钢丝绳使用时不应有死弯、扭劲等现象。钢丝绳绳扣排列时不应有重叠、挤压现象。

小结： 吊车的钢丝绳如果缠绕在一起，影响吊装的力学平衡，另外容易使每根钢丝绳的受力不均，严重者可能导致钢丝绳断裂的风险。

问 32　护栏和爬梯是否只能刷成黄黑两色？高处的平台护栏是需要刷成双色还是刷成单一的黄色就可以？

答： 黄色或黄黑相间色都可以，黄黑相间色为宜。相关参考如下：

参考 1　《安全色》（GB 2893—2008）

附录 A.22 "黄色与黑色相间条纹应用于各种机械在工作或移动时容易碰撞的部位，如移动式起重机的外伸腿、起重臂端部、起重吊钩和配重；剪板机的压紧装置；冲床的滑块等有暂时或永久性危险的场所或设备；固定警告标志的标志杆上的色带"，护栏和爬梯的刷漆以黄黑双色为宜。

参考 2　施工时按照《图形符号　安全色和安全标志　第 1 部分：安全标志和安全标记的设计原则》（GB/T 2893.1—2013）实施。

小结： 护栏和爬梯的外观颜色行业内普遍采用黄色，对于具有防撞、隔离、封闭、警示等功能的护栏行业内普遍采用黄黑相间色。

问 33　真空缓冲罐，保持真空状态下可以直接本体动火吗？

答： 不可以。依据如下：

参考　《危险化学品企业特殊作业安全规范》（GB 30871—2022）

5.4.2　b）在设备或管道上进行特级动火作业时，设备或管道内应保持微正压。

小结： 真空缓冲罐有一定的负压特性，一旦动火切割，火焰夹杂着外界空气会进入真空罐，对其上下游带来极大的安全风险。

问 34　在氢气工段现场悬挂一个 3 吨的手动倒链葫芦是否可行？

答： 由于处于氢气防爆区域内，故所使用的非电气类工机具应当选用不产生火花的工具。普通的手动倒链葫芦容易摩擦产生火花，建议选用不产生火花的倒链葫芦，如铜合金或不锈钢材质。

> **参考1** 《油气罐区防火防爆十条规定》（安监总政法〔2017〕15 号）

第八条：严禁在油气罐区使用非防爆照明、电气设施、工器具和电子器材。考虑仅作为维修工具使用，倒链提升过程可能存在摩擦火花（使用非防爆工器具），使用过程建议参照动火作业管理。

> **参考2** 《防止静电事故通用导则》（GB 12158—2006）

第 6.1.9 条　在气体爆炸危险场所禁止使用金属链。

小结： 爆炸性环境使用倒链，摩擦火花是点燃源，应依据《爆炸性环境第 28 部分：爆炸性环境用非电气设备　基本方法和要求》（GB/T 3836.28—2021），采取非电气防爆措施。

问 35　哪个规范要求爆炸危险区域不能使用非防爆工具？

答： 以下文件及规范规定了爆炸危险区域使用防爆工具的有关要求：

> **参考1** 《危险化学品企业特殊作业安全规范》（GB 30871—2022）

6.6　b）易燃易爆的受限空间经清洗或置换仍达不到 6.4 要求的，应穿防静电工作服及工作鞋，使用防爆工器具。

7.6　在易燃易爆场所进行盲板抽堵作业时，作业人员应穿防静电工作服、工作鞋，并应使用防爆灯具和防爆工具。

> **参考2** 《危险化学品储罐区作业安全通则》（AQ 3018—2008）

5.10.7 清罐作业采用的设备、机具和仪器应满足相应的防火、防爆、防静电的要求。

参考 3 《危险化学品经营企业安全技术基本要求》（GB 18265—2019）

4.3.1 危险化学品库房爆炸危险环境内使用的电瓶车、铲车等作业工具应符合防爆要求。

参考 4 《粉尘防爆安全规程》（GB 15577—2018）

10.5 检修作业应采用防止产生火花的防爆工具，禁止使用铁质检修作业工具。

参考 5 《工贸行业可燃性粉尘作业场所工艺设施防爆技术指南（试行）》

4.5.4 检修除尘器时宜使用防爆工具，不应敲击除尘器各金属部件。

7.4 检维修过程中应当使用符合国家或行业标准的材料、填料、润滑油等维护材料和防爆工具。

参考 6 《油漆与粉刷作业安全规范》（AQ 5205—2008）

5.1.3 d 使用开启涂料和稀释剂包装的工具，应采用不易产生火花型的工具。

参考 7 《国务院安委会办公室关于加强天然气使用安全管理的通知》（安委办函〔2018〕104 号）

第三条 发现天然气泄漏时，要第一时间切断泄漏源，立即通风置换，现场不得启动非防爆电气设备和使用非防爆工具，禁止一切可能产生静电的行为，严格管控点火源。

参考 8 《加氢站技术规范》GB 50516—2010（2021 年版）

13.0.6 氢气系统运行操作人员、检修人员，不得随意敲击氢气设备、管道和容器；检修人员应使用铜质工具，且不得随意触动运行中的设备、管道和容器。

小结：爆炸危险区域内存在大量的易燃易爆介质，一旦泄漏出来就会形成爆炸性混合气体，如果使用非防爆工具，一旦产生火花或起电，就会造成爆炸或火灾的风险。

问 36 易燃易爆场所不能使用一般黑色金属工具作业，是否有规定？

答：有。

通常把铁及其合金称为黑色金属，如钢、生铁、铁合金、铸铁等。

《爆炸性环境 爆炸预防和防护 第1部分：基本原则和方法》（GB/T 25285.1—2021）第5.3条 机械产生的冲击、摩擦和磨削"滑动摩擦，即使是在类似的黑色金属之间及在某些陶瓷之间的摩擦，也能产生热点及与磨削火花类似的火花。这些都能引起爆炸性环境点燃。"

因此，在易燃易爆场所，不应使用能产生火花的工具（上述黑色金属等），许多标准规范都有相关规定。

‹ 参考1 《易燃易爆性商品储藏养护技术条件》（GB 17194—2013）

8.4 各项操作不应使用能产生火花的工具。

‹ 参考2 《粉尘防爆安全规程》（GB 15577—2018）

10.5 检修作业应采用防止产生火花的防爆工具，禁止使用铁质检修作业工具。

‹ 参考3 《爆炸性环境 爆炸预防和防护 第1部分：基本原则和方法》（GB/T 25285.1—2021）

附录C规定了爆炸性环境使用工具的要求等。

小结：黑色金属工具一般指铁制工具，在使用过程中存在产生火花的可能，故将常用的铁制工具视为非防爆工具对待。

问 **37** 爆炸危险区范围的可以用皮带传动设备吗？

答： 可以，但有严格要求

参考1 《石油化工企业设计防火规范》GB 50160—2008（2018年版）

5.7.7 可燃气体压缩机、液化烃、可燃液体泵不得使用皮带传动；在爆炸危险区范围内的其他转动设备若必须使用皮带传动时，应采用防静电皮带。

参考2 《爆炸性环境 第29部分：爆炸性环境用非电气设备 结构安全型"c"、控制点燃源型"b"、液浸型"k"》（GB/T 3836.29—2021）

5.8.2.2 静电起电

动力传动皮带在运行中应不能够产生引燃性的静电放电。

皮带传动不能用于 EPLGa 或 Da 设备。符合 GB/T 10715—2021 和 GB/T 32072—2015 的皮带适用于除 ⅡC 类之外的 EPL Gb 或 Db 设备。皮带速度不应超过 30m/s。有连接件的皮带的带速度不超过 5m/s。

皮带电阻随着运行时间而增加，制造商应在使用说明中规定重新检验或更换的周期。

皮带不适合作为驱动器和滑轮间的接地通道。

参考3 《精细化工企业工程设计防火标准》（GB 51283—2020）

5.3.5 可燃气体压缩机、液化烃和可燃液体泵不得使用皮带传动，在爆炸危险区内其他转动设备必须使用皮带传动时，应采用防静电传动带。

小结： 皮带传动装置在工作过程中可能产生摩擦火花，也会存在能量损失和传动效率降低的问题。防爆区可以采用皮带传送，但需确保皮带传动装置符合防爆要求，并采取相应的安全防护措施。

问 38 设备报停一般走哪些程序？

答： 设备报停一般分以下几种情况：

1. 暂时停用：需做内部变更，按照企业内部变更管理规定执行。同时做好停用设备的能量隔绝、清洗置换、内部防腐蚀工作。

2. 永久停用：应向监管部门报备。

相关参考如下：

参考1 《爆炸危险化学品储罐防溢系统功能安全要求》（GB/T 41394—2022）

15.3　对拟停用的装置进行风险影响分析，包括对危险和风险评估进行审查或者必要的更新。评估也要考虑停用活动期间的功能安全，以及停用对相邻单元的影响。

参考2 《危险化学品经营许可证管理办法》

第十四条　已经取得经营许可证的企业变更企业名称、主要负责人、注册地址或者危险化学品储存设施及其监控措施的，应当自变更之日起20个工作日内，向本办法第五条规定的发证机关提出书面变更申请，并提交下列文件、资料：

（一）经营许可证变更申请书；

（二）变更后的工商营业执照副本（复制件）；

（三）变更后的主要负责人安全资格证书（复制件）；

（四）变更注册地址的相关证明材料；

（五）变更后的危险化学品储存设施及其监控措施的专项安全评价报告。

参考 3 《特种设备使用管理规则》(TSG 08—2017)

3.9 停用：特种设备拟停用 1 年以上的，使用单位应当采取有效的保护措施，并且设置停用标志，在停用后 30 日内填写《特种设备停用报废注销登记表》（格式见附件 F），告知登记机关。重新启用时，使用单位应当进行自行检查，到使用登记机关办理启用手续；超过定期检验有效期的，应当按照定期检验的有关要求进行检验。

3.10 报废：因部分使用单位和产权单位注销、倒闭、迁移或者失联，未依法办理特种设备报停、注销手续的，登记机关可以采取公告的方式停用或注销特种设备。

小结： 设备报停首先应当经过变更程序进行，其次涉及特种设备以及需要政府许可的设备时，需要向相关政府部门办理备案或者告知。

HEALTH SAFETY
ENVIRONMENT

第二章

特种设备管理

严守法规红线，精控特种设备从设计到报废全生命周期，守护安全关键防线。

——华安

问 39 如何区分电站锅炉和工业锅炉？

答： 锅炉是利用燃料或燃烧释放的热能或其他热能加热水或其他工质（工作介质），以生产规定参数（温度、压力）和品质的蒸汽、热水或其他工质的设备；列入《特种设备目录》的锅炉，是指利用各种燃料、电或者其他能源，将所盛装的液体加热到一定的参数，并通过对外输出介质的形式提供热能的设备，其范围规定为设计正常水位容积大于或者等于 30L，且额定蒸汽压力大于或者等于 0.1MPa（表压）的承压蒸汽锅炉；出口水压大于或者等于 0.1MPa（表压），且额定功率大于或者等于 0.1MW 的承压热水锅炉；额定功率大于或者等于 0.1MW 的有机热载体锅炉。

锅炉分类较多，按燃料可分为燃煤锅炉、燃气锅炉、燃油锅炉、生物质锅炉、垃圾锅炉、电锅炉等，按热能工质可分为蒸汽锅炉、热水锅炉和有机热载体锅炉。

电站锅炉指生产的蒸汽主要用于发电的锅炉；工业锅炉指生产的蒸汽或热水（热载体）主要用于工业生产和／或民用的锅炉；两种锅炉燃料都可以为燃煤、燃油、燃气，工业锅炉还可使用电或工业生产的余热等，区别在于①热能工质：电站锅炉为蒸汽，额定蒸汽压力 ≥ 3.8MPa；工业锅炉为蒸汽和／或热水（热载体），蒸汽压力 0.1～3.8MPa；②使用场所：电站锅炉用于发电，工业锅炉用于工业生产和／或民用。相关参考如下：

‹ **参考1** 《电工名词术语 锅炉》（ GB/T 2900.48—2008 ）

3.1.5 电站锅炉：生产的蒸汽（水蒸气）主要用于发电的锅炉。

3.1.6 工业锅炉：生产的蒸汽或热水主要用于工业生产和／或民用的锅炉。（注：未包含有机热载体锅炉）

◀ **参考2** 《电站锅炉技术条件》（GB/T 34348—2017）

3.1 电站锅炉定义为"生产的蒸汽（水蒸气）主要用于发电的锅炉"。

◀ **参考3** 《工业锅炉技术条件》（NB/T 47034—2021）

3.1 工业锅炉：生产的蒸汽或热水（热载体）主要用于工业生产和/或民用，符合下列任何一项要求的固定式锅炉：

a）蒸汽压力大于或等于 0.1MPa，但小于 3.8MPa，设计正常水位水容积大于或等于 30L 的蒸汽锅炉；

b）额定出水压力大于或等于 0.1MPa，额定热功率大于或等于 0.1MW 的热水锅炉；

c）额定热功率大于或等于 0.1MW 的有机热载体锅炉。（注：包含有机热载体锅炉）

小结： 电站锅炉特指用于发电的使用各种燃料（燃煤、燃油、燃气）的蒸汽锅炉，额定蒸汽压力 ≥ 3.8MPa；工业锅炉指用于工业生产和/或民用的使用各种燃料（煤、燃气、燃油、电）的蒸汽或热水（热载体）锅炉，其中蒸汽锅炉其蒸汽压力大于或等于 0.1MPa，但小于 3.8MPa。

问 **40** 建筑施工企业特种设备执行哪些文件？

答： 建筑施工企业特种设备执行的文件主要包括：

对于特种设备，主要执行《中华人民共和国特种设备安全法》《特种设备安全监察条例》《特种设备使用管理规则》（TSG 08—2017）、《建筑起重机械安全监督管理规定》以及《特种设备作业人员证管理办法》等相关法律法规和规章，确保特种设备的安全使用和管理。

建筑施工企业在特种设备操作中必须遵守上述文件规定，确保作业安全和人员资质符合要求。

小结： 建筑施工的特种设备执行国家市场监督管理总局发布的各项特种设备标准规范。

问 41 针对常用建筑施工机械设备有哪些相关文件？

答： 相关文件如下：

《建筑起重机械安全监督管理规定》《关于建筑施工特种作业人员考核工作的实施意见》（建办质 [2008]41 号）、原质检总局《关于修订〈特种设备目录〉的公告》（2014 年第 114 号）、原质检总局《关于实施新修订的〈特种设备目录〉若干问题的意见》（国质检特〔2014〕679 号）、原质检总局特种设备局《关于特种设备使用登记有关问题的复函》（质检特函〔2016〕1 号）。

另外还有《中华人民共和国特种设备安全法》《特种设备安全监察条例》要求等。

小结： 目前国内关于特种设备有比较完善的管理体系和标准法规，并且不区分行业属性，都需要普遍遵守特种设备的各项管理规定。

问 42 采购、使用气瓶需要遵照执行哪些标准规范？

答： 涉及气瓶的使用与管理的相关标准、文件如下：

1. 《特种设备安全监督检查办法》（国家市场监督管理总局令第 57 号）

2. 《气瓶搬运、装卸、储存和使用安全规定》（GB/T 34525—2017）

3. 《气瓶安全技术规程》（TSG 23—2021）

4. 《特种设备使用管理规则》（TSG 08—2017）

5.《气瓶颜色标志》（GB/T 7144—2016）

6.《气瓶安全使用技术规定》（T/CCGA 20006—2021）

7.《特种设备使用单位落实使用安全主体责任监督管理规定》（国家市场监督管理总局令第 74 号）

8.《特种设备作业人员监督管理办法》（原国家质量监督检验检疫总局令第 140 号）

小结： 企业对气瓶采购与使用管理，可根据自身实际，对照上述标准及文件要求完善安全管理工作。

问 **43** 5t 单梁起重机属于特种设备吗？是否需要年检？

答： 需根据具体使用场景确定。

根据《特种设备目录》规定，该起重机额定起重量达到目录界定的条件，问题项未提及提升高度限制条件，因此 5t 单梁起重机是否属于特种设备根据具体安装使用情况来确定，如果该起重机安装的提升高度大于或等于 2m，则属于特种设备，需进行年检。相关参考如下：

> **参考** 原国家质检总局颁布的《特种设备目录》（质检总局公告 [2014] 第 114 号）

起重机械：额定起重量大于或者等于 3t（或额定起重力矩大于或者等于 40t·m 的塔式起重机，或生产率大于或者等于 300t/h 的装卸桥），且提升高度大于或者等于 2m 的起重机。

电动单梁起重机（品种）是单主梁的桥式起重机（类别），执行《电动单梁起重机》（JB/T 1306—2008）的相关要求。

小结： 额定起重量≥ 3t 的单梁起重机，且提升高度≥ 2m，属于特种设备的范围，应当进行法定年检。

问 **44**　乙炔气瓶软管是什么颜色？

答： 乙炔软管外覆层颜色为红色。相关参考如下：

> **参考** 《气体焊接设备　焊接、切割和类似作业用橡胶软管》（GB/T 2550—2016）

10.2　颜色标识　为了标识软管所适用的气体，软管外覆盖层应按表4的规定进行着色和标志。对于并联软管，每根单独软管应按照本标准进行着色和标志。

表4　软管颜色和气体标识

气体	外覆层颜色和标志
乙炔和其他可燃性气体[a]（除LPG、MPS、天然气、甲烷外）	红色
氧气	蓝色
空气、氮气、氩气、二氧化碳	黑色
液化石油气（LPG）和甲基乙炔-丙二烯混合物（MPS）、天然气、甲烷	橙色
除焊剂燃气外（本表中包括的）所有燃气	红色/橙色
焊剂燃气	红色-焊剂
[a] 关于软管对氢气的适用性，应咨询制造商	

小结： 乙炔气瓶软管为红色，主要是为了标识和区别，防止混用或误用。

问 **45**　如何理解普通的单梁电动葫芦（梁固定不动）不属于桥式起重机，属于运行式电动葫芦，即使大于 3t 也不属于特种设备？

答： 1. 单梁电动葫芦与桥式起重机的区别

单梁电动葫芦是一种常见的起重设备，属于轻小型起重设备的一种。

它通常由电动机、传动机构和滚轮组成，安装在单梁或悬臂梁上，属于运行式电动葫芦。

桥式起重机的定义出自《起重机　术语　第 1 部分：通用术语》（GB/T 6974.1—2008）

3.1.1.1　桥式起重机　其桥架梁通过运行装置直接支承在轨道上的起重机。

桥式起重机的特点是两端坐落在高大的水泥柱或金属支架上，形状类似桥梁，因此得名。桥式起重机的桥架沿铺设在两侧高架上的轨道纵向运行，可以充分利用桥架下面的空间吊运物料，不受地面设备的阻碍。

所以，普通的单梁电动葫芦（梁固定不动）不属于桥式起重机。

2. 特种设备目录

我国特种设备实行特种设备目录管理，对按照特种设备管理的设备必然纳入《特种设备目录》清单。按照《质检总局关于修订《特种设备目录》的公告》（2014 年第 114 号）中特种设备目录栏，代码 4100 桥式起重机为特种设备，普通的单梁电动葫芦未纳入《特种设备目录》，不属于特种设备。

原《特种设备目录》（国质检锅〔2004〕31 号）中类别为"轻小型起重设备"的各种"电动葫芦"已不在《质检总局关于修订〈特种设备目录〉的公告》（2014 年第 114 号）中特种设备目录栏中。

小结： 电动葫芦和桥式起重机在工作原理上存在明显的区别，另外根据 2014 版的《特种设备目录》，不再将电动葫芦纳入特种设备管理。

问 46　有无特种设备检验周期的汇总？

答： 有，特种设备检验周期汇总如下：

设备名称及代码			检验周期
锅炉（1000）	外部检验		一般每年一次
	内部检验		一般每2年一次
	水压试验		一般每6年一次
压力容器（2000）	固定式（2100）	年度检查	每年至少一次
		定期检查·全面检验	一般应当于投用后3年内进行首次全面检验。下次的定期检验周期，由检验机构根据压力容器的安全状况等级确定。1.安全状况等级为1、2级的，一般每6年一次；2.安全状况等级为3级的，一般3～6年一次；3.安全状况等级为4级的，其检验周期由检验机构确定。4.安全状况等级为5级的，应当对缺陷进行处理，否则不得继续使用
		定期检查·耐压试验	每两次全面检验期间内至少进行一次
	移动式（2200）	汽车罐车2220、铁路罐车2210、罐式集装箱224 · 年度检验	每年至少一次
		汽车罐车2220、铁路罐车2210、罐式集装箱224 · 全面检验	新罐车首次检验1年；安全状况等级为1、2级的，汽车罐车每5年至少一次，铁路罐车每4年至少一次，罐式集装箱每5年至少一次；安全状况等级为3级，汽车罐车每3年至少一次，铁路罐车每2年至少一次，罐式集装箱每2.5年至少一次
		汽车罐车2220、铁路罐车2210、罐式集装箱224 · 耐压试验	每6年至少进行一次
		长管拖车2230 · 年度检验	每年至少1次
		长管拖车2230 · 首次定期检验	3年（充装A类介质）；4（充装B类介质）
		长管拖车2230 · 定期检验	5年（充装A类介质）；6（充装B类介质）
	气瓶（2300）		盛装腐蚀性气体的气瓶，每2年检验一次
			盛装一般气体的气瓶，每3年检验一次
			盛装惰性气体的气瓶，每5年检验一次
			液化石油气钢瓶，按国家标准GB/T 8334—2022的规定（盛装液化石油气钢瓶，对YSP-0.5型、YSP-2.0型、YSP-5.0型、YSP-10型和YSP-15型，自制造日期起，第一次至第三次检验的检验周期均为4年，第四次检验有效期为3年；对YSP-50型，每3年检验一次）
			低温绝热气瓶，每三年检验一次
			车用液化石油气钢瓶每五年检验一次，车用压缩天然气钢瓶，每三年检验一次。汽车报废时，车用气瓶同时报废

续表

设备名称及代码	检验周期	
电梯（3000）	（1）15年以内的电梯，分别在第1、第4、第7、第9、第11、第13、第15年进行一次定期检验 （2）超过15年的电梯，每年进行一次定期检验	
起重机械（4000）	轻小型起重设备、桥式起重机、门式起重机、门座起重机、缆索起重机、桅杆起重机、铁路起重机、旋臂起重机、机械式停车设备每2年1次，其中吊运熔融金属和炽热金属的起重机每年1次；塔式起重机、升降机、流动式起重机每年1次，其中轮胎式集装箱门式起重机每2年1次	
	在用起重机械至少每月进行一次日常维护保养和自行检查，每年进行一次全面检查	
场（厂）内专用机动车辆（5000）	叉车定期检验周期为2年	
大型游乐设施（6000）	定期检验周期为0.5年	
压力管道元件（7000）		
压力管道（8000）	长输管道8100	年度检验	至少每年1次，进行全面检验的年度可不进行年度检查
		全面检验	新建管道一般于投用后3年内进行首次全面检验，首次全面检验之后的全面检验周期按照本规则第23条确定
	公用管道8200	年度检验	至少每年1次，进行全面检验的年度可不进行年度检查
		全面检验	GB1—Ⅲ级次高压燃气管道全面检验最大时间间隔8年；GB1—Ⅳ级次高压燃气管道、中压燃气管道、GB2级管道全面检验最大时间间隔12年；以PE管或者铸铁为管道材料的管道全面检验周期不超过15年
	工业管道8300	在线检验	每年至少检验一次
		全面检验	首检周期不超过三年；安全状况等级为1级和2级的检验周期一般不超过6年；安全状况等级为3级的，检验周期一般不超过3年；安全状况等级为4级的，应判废
			GC1、GC2级压力管道的全面检验周期一般不超过6年；按照基于风险检验（RBI）的结果确定的检验周期，一般不超过9年；GC3级管道的全面检验周期一般不超过9年

续表

设备名称及代码			检验周期	
客运索道 （9000）	客运架空索道		年度检验每年一次，全面检验三年一次	
	客运拖牵索道		每年进行一次定期检验	
	客运缆车	年度检验	每年进行一次年度检验	
		全面检验	每三年进行一次全面检验	
安全附件 及安全保 护装置 （F000）	安全阀	固定式 压力容 器用安 全阀	每年至少校验一次；特殊情况按相应的技术规范规定 执行	
			安全阀一般每年至少校验一次。对于弹簧直接载荷式安 全阀，当满足所规定的条件时，可延长校验周期为3年或 5年	
		工业管 道用安 全阀	每年至少校验一次；特殊情况按相应的技术规范规定 执行	
			一般每年至少校验1次，对于弹簧直接载荷式安全阀，在 满足相应的条件后，检验周期最多可以延长为3年	
		锅炉用 安全阀	在用锅炉的安全阀每年至少应检验一次	
			锅炉上的安全阀应按制造厂的要求或每年至少进行一次 整定和检验	
	压力表		实施强制检定的压力表应每半年检验一次，非强检压力 表企业自定检验周期。压力表的检定周期可根据使用环境 及使用频繁程度确定，一般不超过6个月	
	爆破片		每年定期检查一次。更换周期2至3年一次	
	限速器		每二年应进行限速器动作速度校验一次	
	防坠安全器		每二年应进行安全器动作速度校验一次	
	测量温度的仪表		每年至少检验一次	
	液位计		每年至少检验一次	

小结： 每个类型的特种设备都有法定的检验周期，要在周期内完成检验。

问 47 可以用起重机械吊篮载人进行高空作业吗？

答： 不可以。

术语解释:《特种设备目录》所指的起重机械，是指用于垂直升降或者垂直升降并水平移动重物的机电设备，其范围规定为额定起重量大于或者等于 0.5t 的升降机；额定起重量大于或者等于 3t（或额定起重力矩大于或者等于 40t·m 的塔式起重机，或生产率大于或者等于 300t/h 的装卸桥），且提升高度大于或者等于 2m 的起重机；层数大于或者等于 2 层的机械式停车设备。

本问答所提的起重机械，包含《特种设备目录》所列及 2014 年修订前在内的汽车起重机（俗称汽车吊）、未达到特种设备级别的起重类机械，不含电梯。

起重机械不可以用吊篮载人进行高空作业。相关参考如下:

‹ **参考1** 《石油化工建设工程安全施工技术标准》（GB/T 50484—2019）

该标准取消了吊篮作业的相关内容。

‹ **参考2** 《建筑机械使用安全技术规程》（JGJ 33—2012）

4.1.17　建筑起重机械作业时，应在臂长的水平投影覆盖范围外设置警戒区域，并应有监护措施；起重臂和重物下方不得有人停留、工作或通过。不得用吊车、物料提升机载运人员。

‹ **参考3** 《建筑施工起重吊装工程安全技术规范》（JGJ 276—2012）

3.0.18　不得用起重机载运人员。

‹ **参考4** 《建筑施工塔式起重机安装、使用、拆卸安全技术规程》（JGJ 196—2010）

第五条　起重机使用时，起重臂和吊物下方严禁有人员停留；物件吊运时，严禁从人员上方通过。严禁用塔式起重机载运人员。

‹ **参考5** 《建筑施工起重吊装安全技术规范》（JGJ 276—2012）

3.0.21　严禁在吊起的构件上行走或站立，不得用起重机载运人员，不得在构件上堆放或悬挂零星物件。

> **参考 6** 《危险化学品企业特殊作业安全规范》（GB 30871—2022）

9.2.10 起重机械操作人员应遵守如下规定：g）以下情况不应起吊：2）起重臂吊钩或吊物下面有人、吊物上有人或浮置物。

> **参考 7** 《起重机械安全规程》（GB 6067—2010）

5.1.2.1 有下述情况之一时，司机不应进行操作：d. 被吊物体上有人或浮置物。

> **参考 8** 《塔式起重机操作使用规程》（JG/T 100—1999）

5.2.13 不得起吊带人的重物，禁止用起重机吊运人员。

小结： 起重机械不可以用吊篮载人。

问 **48** 负压状态下的阀门需不需要压力管道元件的证书？

答： 根据压力值的大小来确定。阀门属于管道组成件，所连接的管道若为压力管道，则属于压力管道元件；若不属于压力管道，则不属于压力管道元件。相关参考如下：

> **参考 1** 《压力管道监督检验规则》（TSGD 7006—2020）

2.2.3 监检项目分类以及附件 B、C、D 的专项要求，阀门属于 C 类监检项目，需要取证。

> **参考 2** 《压力管道安全技术监察规程—工业管道》（TSGD 0001—2009）

第三条 本规程适用范围的管道范围如下，其中（一）管道元件，包括管道组成件（注 2）和管道支撑件；注 2：管道组成件，用于连接或者装配成承载压力且密闭的管道系统元件，包括管子、管件、法兰、密封件、紧固件、阀门、安全保护装置以及诸如膨胀节、挠性接头、耐压软管、过滤器（如 Y 型、T 型等）管路中的节流装置（如孔板）和分离器等。

小结： 阀门如果属于压力管道的组成件，那么该阀门属于压力管道元件。

问 49 特种设备目录中"紧急切断阀"的定义是什么？

答： 纳入《特种设备目录》监管范围的紧急切断阀是指在目录范围内压力容器、压力管道上使用的紧急切断阀，具体术语和定义请参阅相应产品标准。相关参考如下：

参考1 《质检总局办公厅关于压力管道气瓶安全监察工作有关问题的通知》（质检办特〔2015〕675 号）

新《目录》将紧急切断阀划入安全附件种类，由质检总局负责实施制造许可，不再划分级别，但应限定其产品参数范围，其许可条件暂按《压力管道元件制造许可规则》（TSGD 2001—2006）中阀门的许可条件要求执行。

参考2 《市场监管总局关于特种设备行政许可有关事项的公告》（国家市场监督管理总局公告 2021 年第 41 号）

附件 1 注三，紧急切断阀制造许可参数级别，用于移动式压力容器上的紧急切断阀为 A 级，且不覆盖其他紧急切断阀。

特种设备移动式压力容器是指由压力容器罐体或者钢制无缝瓶式压力容器（以下简称瓶式容器）与走行装置或者框架采用永久性连接组成的罐式或者瓶式运输装备，包括铁路罐车、汽车罐车、长管拖车、罐式集装箱和管束式集装箱等，根据《移动式压力容器安全技术监察规程》（TSGR 0005—2011，2021 年第 3 次修改）3.11.7　装卸口及安全保护装置的设置，（2）充装毒性程度为极度或者高度危害以及易燃、易爆介质的罐体，其装卸口应当由三个相互独立并且串联在一起的装置组成，第一个是紧急切断阀，第二个是球阀或者截止阀，第三个是盲法兰或者等效装置，其中紧急切断阀应当符合本规程第9章相应条款的规定；

9 安全附件和装卸附件

9.5 紧急切断装置

（1）充装易燃、易爆介质以及毒性程度为中度危害以上（含中度危害）类介质的移动式压力容器，其罐体的液相管、气相管接口处应当分别装设一套紧急切断装置，并且其设置应当尽可能靠近罐体；

（2）紧急切断装置一般由紧急切断阀、远程控制系统、过流控制阀以及易熔合金塞等装置组成，紧急切断装置应当动作灵活、性能可靠、便于检修，紧急切断阀阀体不得采用铸铁或者非金属材料制造；

（3）紧急切断阀与罐体液相管、气相管的接口，应当采用螺纹或者法兰的连接形式；

（4）紧急切断装置应当具有能够提供独立的开启或者闭止切断阀瓣的动力源装置（手动，液压或者气动），其阀门和罐体之间的密封部件必须内置于罐体内部或者距离罐体焊接法兰（凸缘）外表面的25mm处，碰撞受损的紧急切断阀不能影响阀体内部的密封性；

（5）所有内置于罐体或者罐体焊接法兰（凸缘）内部的零件的材料应当与罐体内介质相容；

（6）当连接紧急切断阀的管路破裂，流体通过紧急切断阀的流量达到或者超过允许的额定流量时，装卸管路或者紧急切断阀上的过流保护装置应当关闭。

附件E 长管拖车、管束式集装箱专项安全技术要求 E3.4.2 紧急切断装置

根据用户委托设计条件的要求，充装易燃、易爆压缩气体需要设置紧急切断装置时，应当满足以下要求：

（1）紧急切断装置一般由紧急切断阀、远程控制系统组成，紧急切断装置要求动作灵活、性能可靠、便于检修；

（2）远程控制系统的关闭操作装置设置在人员易于到达的位置，紧急切断装置不能兼作其他用途。

小结： 特种设备目录并没有给出紧急切断阀的准确定义，在《压力管道元件制造许可规则》（TSGD 2001—2021）中将紧急切断阀纳入特种工况阀门管理。

问 50　紧急切断系统是否等同于紧急切断阀？

答： 紧急切断系统 ESD（emergency shutdown device）：又称紧急关闭系统，就是用来实现紧急状态下，切断或者隔离物料的一个终端系统。其中紧急切断阀 ESV（emergency shutdown valve）是核心设备。相关参考如下：

◁ 参考1 《液化烃球形储罐安全设计规范》（SH 3136—2003）

6.1　液化石油气球形储罐液相进出口应设置紧急切断阀。

◁ 参考2 《低温介质用紧急切断阀》（GB/T 24918—2010）

3.1　紧急切断阀：安装在罐车（槽车）、储罐或管道上，出现事故时，用手动或自动快速关闭的阀门。

◁ 参考3 印发《中国石油化工集团液化烃球罐区安全技术管理暂行规定》的通知（中国石化安（2010）635号）

2.2　紧急切断阀安装在球罐进出口管道上、发生事故或异常情况时，能够快速紧密关闭（TSO）的阀门，紧急切断阀的允许漏等级应达到 ANSI B16.104（FCI 70-2）CLASS V级或以上。该阀门应具有热动、手动及遥控手动（带手柄的遥控）关闭功能。

◁ 参考4 《危险化学品重大危险源监督管理暂行规定》安监总局令

（2011）40 号

第十三条 对重大危险源中的毒性气体、剧毒液体和易燃气体等重点设施，设置紧急切断装置。

参考5 《关于进一步加强危险化学品建设项目安全设计管理》安监总局令（2013）76 号

（二十二）有毒物料储罐、低温储罐及压力球罐进出物料管道应设置自动或手动遥控的紧急切断装置。

参考6 《石油化工储运系统罐区设计规范》（ SH/T 3007—2014 ）

6.4.1 液化烃储罐底部的液化烃出入口管道应设可远程操作的紧急切断阀。紧急切断阀的执行机构应有故障安全措施。

参考7 《进一步加强化学品罐区安全管理通知》安监总管三 [2014] 68 号

大型、液化气体及剧毒化学品等重点储罐要设置紧急切断阀。

参考8 《化工和危险化学品生产经营单位重大生产安全事故隐患判定标准》安监总管三 [2017] 121 号

构成一级、二级重大危险源的危险化学品罐区要实现紧急切断功能。

参考9 关于紧急切断功能如何实现的问题，应急管理部在 2022 年 2月 24 日发布了《油气储存企业紧急切断系统基本要求（试行）》文件之后，基本上统一了紧急切断阀的操作模式。

（五）关闭功能紧急切断阀应同时具备以下关闭功能：

1.液位超高联锁关闭进料切断阀。

2.通过阀门本体手动关闭切断阀。

3.在防火堤外手动按钮关闭切断阀。

4.在控制室内手动遥控关闭切断阀。

上述的四种操作模式是同时全部具备的，这四种操作模式除了联锁切断属于自动控制外，其余三种模式都属于手动模式。只不过手动模式按照关闭方法的不同，又细分为了手动遥控关闭和手动操作手轮关闭。

小结： 紧急切断系统一定包含紧急切断阀，但并不是所有的紧急切断阀都属于紧急切断系统。储罐上是否配置独立的紧急切断阀，应根据罐容大小和介质特性依据相关标准确定。

问 51 紧急切断阀是否必须配置手轮?

答： 对于工艺生产装置安全联锁用于紧急切断的紧急切断阀，不应设置手轮机构；装置中不参与安全联锁的紧急切断阀，以及储运罐区设置的紧急切断阀，应设置手动执行机构。对于配置手轮的情况参考依据如下：

‹ **参考1** 《自动化仪表选型设计规范》(HG/T 20507—2014)

11.9.7 手轮机构的设置应符合下列要求：

1. 未设置旁路的控制阀，应设置手轮机构。

2. 手轮不应用于阀门的机械限位。

‹ **参考2** 《石油化工罐区自动化系统设计规范》(SH/T 3184—2017)

5.4 罐区开关阀

5.4.3.6 电动执行机构应设置手轮；

5.4.4.5 电液执行机构应具备带锁定功能的手动操作装置。

‹ **参考3** 《油气储存企业紧急切断系统基本要求》

第五条 2 款 通过阀门本体手动关闭切断阀。

‹ **参考4** 《石油化工企业设计防火标准》GB 50160—2008 (2018 年版)

7.2.15 液化烃及操作温度等于或高于自燃点的可燃液体设备至泵的入

口管道应在靠近设备根部设置切断阀，当设备容积超过 40m³ 且与泵的间距小于 15m 时，该切断阀应为带手动功能的遥控阀，遥控阀就地操作按钮距泵的间距不应小于 15m。

7.2.17　输送可燃气体、液化烃和可燃液体的管道在进、出石油化工企业时，应在围墙内设紧急切断阀。紧急切断阀应具有自动和手动切断功能。

◀ 参考 5　《化工企业液化烃储罐区安全管理规范》（ AQ 3059—2023 ）

6.1.1　新建储罐下部进、出物料管道上靠近储罐的第一道阀门应为紧急切断阀。紧急切断阀不应用于工艺过程控制，应按动力故障关设置，且应设置远程控制功能和手动执行机构（如手轮等），手动执行机构应有防止误操作的措施。

◀ 参考 6　《危险化学品企业紧急切断阀设置和使用规范》（ T/CCSAS 023—2022 ）

6.3　执行机构

6.3.3　紧急切断阀应根据工艺要求和风险分析需求配置手轮。

小结： 对于工艺生产装置安全联锁用于紧急切断的紧急切断阀，不应设置手轮机构；装置中不参与安全联锁的紧急切断阀，以及储运罐区设置的紧急切断阀，应设置手动执行机构。

问 **52**　能否将储罐出口管道上金属软管之后的阀门改为可远程控制的紧急切断阀？

具体问题： 某个储罐改造项目：将原有储罐出口管道上金属软管之后的阀门改为可远程控制的紧急切断阀（如下图），是否合适？有专家说紧急切断阀与储罐之间不应增加泄漏点，依据《危险化学品企业紧急切断阀设置和使用规范》（T/CCSAS 023—2022）5.5.4 条有如此规定，不知道是否具有普遍适用性？

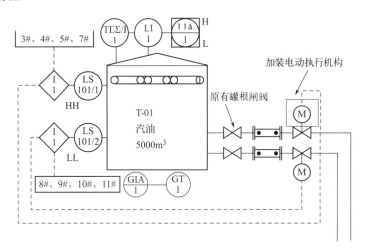

答：不可以。

根据上图所示，该电动阀安装位置错误，若将原有进出口管道上柔性连接之后的阀门改为可远程控制的紧急切断阀，位置应安装在柔性连接之前。如果紧急切断阀在金属软管之后，金属软管发生泄漏时，紧急切断阀就不起作用，实现不了泄漏事故工况下的紧急切断。建议将储罐根部阀升级为紧急切断阀，加装气动或电动执行机构，实现紧急切断功能，并按照"储罐-紧急切断阀-柔性连接-操作阀（操作阀推荐改为 DCS 远程操作）"的顺序改造安装。相关参考如下：

> **参考 1** 应急管理部《油气储存企业紧急切断系统基本要求（试行）》（2022 年 2 月 24 日印发）

第二条技术要求明确规定了紧急切断阀的安装位置应设置在储罐与柔性连接之间。

二、技术要求

（一）安装位置：

1. 所有与储罐直接相连的工艺物料进出管道上均应设置紧急切断阀。

2. 紧急切断阀应设置在储罐与柔性连接之间，并采取防止水击危害的措施。

> **参考2** 《危险化学品企业紧急切断阀设置和使用规范》(T/CCSAS 023—2022)

5.5.4 当储罐进、出口管道设有柔性连接时，紧急切断阀应设置在储罐与柔性连接之间。

小结： 紧急切断阀设置的目的是事故状态下紧急切断物料，软连接是薄弱环节，脱落、破裂致泄漏风险高。若油品储罐紧急切断阀装在其外，一旦泄漏无法遥控关闭。因此应急管理部文件和地方的实践都明确规定紧急切断阀安装位置应设置在储罐与柔性连接之间。若为新改扩项目，罐区紧急切断阀应采用气动阀。

问 53 紧急切断阀设置有什么具体要求？

答： 紧急切断阀是指安装在储罐底部的液相进出口工艺管道上，专用于防止储罐超装或当罐区内发生火灾、泄漏等事故时，能够快速手动、自动切断和隔离物料的开关阀。紧急切断阀是关键设备，安装应按照关键设备进行施工管理，从设计、采购、监造、施工管理和验收各环节严格管理，确保紧急切断阀的安装质量和调试质量，确保可靠投用。相关参考节选如下：

> **参考1** 《立式圆筒形钢制焊接储罐安全技术规程》(AQ 3053—2015)

要求靠近罐体处，根据罐容的大小，类型不同，比如大型的应采用气动，液压型或电动执行机构的阀门。

注：紧急切断阀的防火、防泄漏、快速切断性能是其它切断阀不具有的。所以规范大都规定罐根部宜设置紧急切断阀。

> **参考2**　《化工企业液化烃储罐区安全管理规范》（AQ 3059—2023）

关于紧急切断阀设计、采购和安装相关条款：

6.1.1　液化烃压力式储罐的设计要求如下：

新建储罐下部进、出物料管道上靠近储罐的第一道阀门应为紧急切断阀。紧急切断阀不应用于工艺过程控制，应按动力故障关设置，且应设置远程控制功能和手动执行机构（如手轮等），手动执行机构应有防止误操作的措施。

物料储存温度小于0℃的新建储罐，底部开口与紧急切断阀之间法兰公称压力不应低于PN50，应采用带颈对焊钢制突面或凹凸面管法兰。采用突面法兰时应采用带内外加强环形缠绕式垫片，采用凹凸面管法兰时应采用带内加强环型缠绕式垫片。紧固件应采用专用级。

> **参考3**　《危险化学品企业紧急切断阀设置和使用规范》（T/CCSAS 023—2022）

5　紧急切断阀的设置原则

5.1　生产装置用泵

5.1.1　上游设备中盛装有毒液体物质，且采用密封泵输送时，应在泵入口设置Ⅲ类紧急阀。

5.1.2　火炬分液罐或污油罐底部的污油泵入口管线通常不要求设置紧急切断阀。

5.1.3　上游设备的类型不在5.1.2规定范围内，且设备中液化烃、易燃液体体积超过8m³或可燃液体体积超过15m³时，应在泵入口管线设置紧急切断阀。

5.1.4　上游设备的类型不在5.1.2规定范围内，且设备中可燃液体体积超过8m³且操作温度高于自燃点（查不到自燃点时，可取250℃）时，应在泵入口管线设置紧急切断阀。

5.1.5 泵出口与其他压力源（如压缩机系统、管网其他泵等）相连，停泵后可能导致危险化学品逆向流动，造成上游设备超压等安全风险时，应在泵出口管线设置紧急切断阀。

5.2 压缩机

5.2.1 压缩机轴功率≥150kW且操作介质为危险化学品时，宜在压缩机进口和出口分别设置Ⅲ类紧急切断阀。

5.2.2 当压缩机进口或出口连接多个压力源且满足5.2.1时，在进出口正常操作时有介质流动的所有管线均宜设置Ⅲ类紧急切断阀。在进出口正常连续操作的不大于DN80的管线上可设置Ⅰ类或Ⅱ类紧急切断阀。

5.2.3 若压缩机为多级且级间设备内危险化学品在正常液位处容积超过4m³时，该级入口分液罐与下游压缩之间宜设置Ⅲ类紧急切断阀。

5.3 加热炉

5.3.1 至加热炉燃烧室的燃料管线均应设置Ⅲ类紧急切断阀。

5.3.2 导热油管道进入生产设施处应设置紧急切断阀。

5.4 反应系统

危险化学品生产装置反应系统可能发生爆炸、燃料、飞温等紧急情况时，应在反应系统进料管线设置Ⅲ类紧急切断阀。

5.5 危险化学品储罐

5.5.1 在有毒物质储罐、液体危险化学品大型储罐的进、出口管道靠近储罐根部位置，应设置Ⅲ类紧急切断阀，紧急切断阀的就地操作按钮应设置在储罐组防火堤外。

5.5.2 在液体危险化学品压力储罐进、出口管道上，应设置Ⅱ类紧急切断阀，紧急切断阀宜靠近储罐安装，其就地操作按钮应设置在储罐组防火堤外。紧急切断阀应能适应罐组内潜在泄漏源及相邻储罐介质时所产生的最低温度。

5.5.3 当可燃液体、易燃液体储罐或储罐组构成一级或二级重大危险源时，其内的每一座储罐，均应在储罐的进、出口管道靠近储罐根部的位置设置Ⅲ类紧急切断阀，紧急切断阀的就地操作按钮应设置在储罐组防火堤外。

5.5.4　当储罐的进、出口管道设有柔性连接时，紧急切断阀应设置在储罐与柔性连接之间。

5.6　危险化学品装卸设施

5.6.1　液化烃、易燃液体、可燃液体、有毒物质的铁路装卸车设施，应在距车栈台边缘10m以外的装卸管道上设置紧急切断阀。当装卸介质为液化烃、有毒物质时，应设置Ⅲ类紧急切断阀。

5.6.2　液化烃、易燃液体、可燃液体、有毒物质的公路装卸车设施，当装卸站内无缓冲罐时，应在距离鹤管10m以外的装卸管道上设置紧急切断阀。当装卸介质为液化烃、有毒物质时，应设置Ⅲ类紧急切断阀。

5.6.3　输送可燃气体、液化烃、易燃液体、可燃液体和有毒物料的管道与码头相连时，应在水陆域分界线附近设置Ⅲ类紧急切断阀。紧急切断阀安装位置宜位于陆域距泊位不应小于20m。

5.7　危险化学品输送管道

当存在相互供料关系的企业通过管道输送可燃气体、液体烃、易燃液体、可燃液体和有毒物质时，应在靠近企业进、出厂界处的围墙或用地边界线内设置紧急切断阀。

小结： 紧急切断阀应当满足快速、防火、可远程操作等功能。

问 **54** 关于紧急切断阀加设防火措施的条款有哪些？

答： 关于紧急切断阀加设防火措施的条款主要参考以下技术规范的条款。

◀ **参考1** 《立式圆筒形钢制焊接储罐安全技术规程》（AQ 3053—2015）

6.13 切断阀 储罐物料进出口管道靠近罐体处应设一个总切断阀。

对大型储罐，应采用带气动型、液压型或电动型执行机构的阀门。当执行机构为电动型时，其电源电缆、信号电缆和电动执行机构应作防火保护。切断阀应具有自动关闭和手动关闭功能，手动关闭包括遥控手动关闭和现场手动关闭。

◀ **参考2** 《化工企业液化烃储罐区安全管理规范》（AQ 3059—2023）

6.6.4 新建罐区压力式储罐紧急切断阀的阀体应采用火灾安全型，并符合相关标准的要求，行机构及电气元件（如电磁阀等）应设置防火措施。泄漏等级应至少达到 GB/T 13927—2008 中 D 级或 GB/T 4213—2024 中 V 级的规定。

6.6.5 新建罐区压力式储罐的紧急切断阀及储罐本体仪表应采用耐火电缆。仪表接线箱应安装在防火堤外。

◀ **参考3** 《液化石油气（LPG）设施的设计和建造》（API Std 2510）

液化烃管道上的切断阀应尽可能靠近罐布置，最好位于罐壁嘴子上。为便于操作和维修，切断阀安装位置应易于迅速接近。当液化烃罐容积超过 10000gal（≈ 38m³）时，在火灾发生 15min 内，所有位于罐最高液面下管道上的切断阀应能自动关闭或遥控操作。切断阀控制系统应耐火保护，切断阀应能手动操作。

◀ **参考4** 《危险化学品企业紧急切断阀设置和使用规范》（T/CCSAS 023—2022）

6 紧急切断阀的选型要求

6.2 阀体及内件

6.2.2 紧急切断阀阀体及阀内件应达到 API Std.607 或 API Std.6FA 的耐火试验，阀盖密封填料应为耐火填料。

6.2.3 紧急切断阀应选用符合工艺要求的密封件，并评估其在危险条件下的密封有效性，宜使用金属密封阀座及阀内件，或火灾下阀门变为金属对金属密封。

6.3 执行机构

6.3.6 油罐区中操作介质为液化烃、易燃液体的紧急切断阀，当作为安全仪表系统的执行元件时，宜进行防火设施。

6.3.7 在工艺装置中用于火灾隔离的紧急切断阀，当紧急切断阀与潜在泄漏源不大于 15m 时，执行机构、控制信号电缆、电源电缆应采取防火措施，保证控制阀可靠关闭。

小结： 为了防止外界火灾对紧急切断阀的影响，保护事故状态下紧急切断阀能够可靠关闭，操作介质为液化烃、易燃液体的紧急切断阀，其阀体、执行机构和动力 / 控制电缆均应采取防火措施。

问 55 紧急切断阀需要手动还是自动？手动阀门可作为紧急切断阀吗？

答： 紧急切断阀应具备自动和手动两种关闭功能。

原则上，手动阀门不能作为紧急切断阀使用，但在某些情况下可以作为紧急切断阀使用，比如阀门与潜在泄漏源水平安装距离不小于 15m，距地面不高于 4.6m，在地面或平台易操作处，该手动紧急切断阀尺寸不大于 DN200，压力等级不大于 PN50。参考标准如下：

< **参考 1** 《关于进一步加强危险化学品建设项目安全设计管理的通知》（安监总管三 [2013]76 号） 规定：有毒物料储罐、低温储罐及压力球罐进出物料管道应设置自动或手动遥控的紧急切断设施。

< **参考 2** 《石油化工自动化仪表选型设计规范》（SH/T 3005—2016）

10.3.7.10 电动执行机构的手轮为标准配置，离合机构的设计，应确保电动机操作优先于手轮操作，无论何时，当电动机一启动，手轮操作应自动脱开。

‹ **参考3** 《危险化学品企业紧急切断阀设置和使用规范》（T/CCSAS 023—2022）

4 紧急切断阀的分类

紧急切断阀分为Ⅰ、Ⅱ、Ⅲ三类。

a）Ⅰ类：安装在管道系统中手动就地操作的阀门。阀门与潜在泄漏源水平安装距离不小于15m，距地面不高于4.6m，在地面或平台易操作处。该类紧急切断阀尺寸不大于DN200，压力等级不大于PN50。

b）Ⅱ类：安装在管道系统中动力就地操作的阀门。阀门与潜在泄漏源水平安装距离不小于15m，距离地面不高于4.6m，在地面或平台易操作处。该类紧急切断阀通过电动、液压或气动执行器操作，在阀门上有启动按钮。

c）Ⅲ类：可通过动力就地和远程控制的阀门。阀门与潜在泄漏源的水平安装距离及阀门距离地面高度均无限制，阀门就地操作按钮距潜在泄漏源水平距离不小于15m，且可在地面或控制室操作。

小结： 紧急切断阀应具备自动和远程控制室内以及现场操作按钮手动关闭的功能，手动阀门在满足紧急切断阀的功能要求和规范标准的前提下，可以作为紧急切断阀使用。

问 56 液化烃罐根切断阀原设计是焊接阀门，可以是法兰阀门吗？

答： 可以是法兰连接也可以是焊接连接。

‹ **参考** 《石油化工企业设计防火标准》GB 50160—2008（2018年版）

7.2 焊接或法兰

7.2.1 可燃气体、液化烃和可燃液体的金属管道除需要采用法兰连接外，均应采用焊接连接。公称直径等于或小于 25mm 的可燃气体、液化烃和可燃液体的金属管道和阀门采用锥管螺纹连接时，除能产生缝隙腐蚀的介质管道外，应在螺纹处采用密封焊。

条文说明 7.2.1 本条规定应采用法兰连接的地方为：

（1）与设备管嘴法兰的连接、与法兰阀门的连接等；

（2）高黏度、易黏结的聚合淤浆液和悬浮液等易堵塞的管道；

（3）凝固点高的液体石蜡、沥青、硫黄等管道；

（4）停工检修需拆卸的管道等。

管道采用焊接连接，不论从强度上、密封性能上都是好的。但是，等于或小于 DN25 的管道，其焊接强度不佳且易将焊渣落入管内引起管道堵塞，因此多采用承插焊管件连接，也可采用锥管螺纹连接。当采用锥管螺纹连接时，有强腐蚀性介质，尤其像含 HF 等易产生缝隙腐蚀性的介质，不得在螺纹连接处施以密封焊，否则一旦泄漏，后果严重。

小结： 液化烃储罐附属的阀门可以是法兰连接，也可以是焊接。无论选择哪一种，都需确认密封性和低泄漏性。

问 57 耐压试验、泄漏试验、气密试验三者执行要求依据是什么？

答： 相关参考如下：

参考 1 《固定式压力容器安全技术监察规程》（TSG 21—2016）

3.1.17 耐压试验

压力容器制成后，应当进行耐压试验。耐压试验分为液压试验、气压试验以及气液组合压力试验三种。耐压试验的种类、压力、介质、温度等由设计者在设计文件中予以规定。

3.1.18　泄漏试验

耐压试验合格后，对于介质毒性危害程度为极度、高度危害或者设计上不允许有微量泄漏的压力容器，应当进行泄漏试验。泄漏试验根据试验介质的不同，分为气密性试验以及氨检漏试验、卤素检漏试验和氢检漏试验等。泄漏试验的种类、压力、技术要求等由设计者在设计文件中予以规定，设计图样要求做气压试验的压力容器，是否需要再做泄漏试验，应当在设计图样上规定。

铸造压力容器盛装气态介质时，应当在设计图样上提出气密性试验的要求。带有安全阀、爆破片等超压泄放装置的压力容器，如果设计时提出气密性试验要求，则设计者应当给出该压力容器的最高允许工作压力。

< 参考 2　《压力管道安全技术监察规程－工业管道》（TSGD 0001—2009）

第五十六条　对介质毒性为极度危害或者高度危害以及可燃流体的管道系统，在安装施工完成后应当进行泄漏试验。泄漏试验的具体要求应当在设计文件上做出规定。

第九十三条　输送极度危害、高度危害流体以及可燃流体的管道应当进行泄漏试验。泄漏试验应当符合以下要求：

（一）试验在耐压试验合格后进行，试验介质宜采用空气，也可以按照设计文件或者相关标准的规定，采用卤素、氦气、氨气或者其他敏感气体进行较低试验压力的敏感性泄漏试验；

（二）泄漏试验检查重点是阀门填料函、法兰或螺纹连接处、放空阀、排气阀、排水阀等；

（三）泄漏试验时，压力逐级缓慢上升，当达到试验压力，并且停压

10min 后，用涂刷中性发泡剂的方法，巡回检查所以密封点，以不泄漏为合格。

> **参考3** 《关于加强化工过程安全管理的指导意见》（安监总管三〔2013〕88号文）

第（十五）试生产前的安全管理要求

气密试验安全管理。要确保气密试验方案全覆盖、无遗漏，明确各系统气密的最高压力等级。高压系统气密试验前，要分成若干等级压力，逐级进行气密试验。真空系统进行真空试验前，要先完成气密试验。要用盲板等气密实验系统与其他系统隔离，严禁超压。气密试验时，要安排专人监控，发现问题，及时处理；做好气密检查记录，签字备查。

小结： 压力容器、压力管道在设计文件中应根据使用介质对其耐压试验、泄漏试验进行说明，压力容器出厂前应完成耐压试验、泄漏试验，并形成报告随设备一并交给使用单位。压力管道现场安装完成后要进行耐压试验，并在耐压试验完成后进行泄漏试验。在装置检维修后生产前要开展气密试验，试验压力应满足最高工作压力的要求。

问 58 额定蒸发量 100t/h 以上的锅炉有什么设计标准？

答： 相关设计标准如下：

1）监察规程

《锅炉安全技术规程》（TSG 11—2020）

2）锅炉基础

《工业蒸汽锅炉参数系列》（GB/T 1921—2004）

《热水锅炉参数系列》（GB/T 3166—2004）

《工业炉名词术语》（GB/T 17195—1997）

3）常用材料

《碳素结构钢》（GB 713—2014）

《低中压锅炉用无缝钢管》（GB 3087—2008）

《高压锅炉用无缝钢管》（GB/T 5310—2017/XG 1—2019）

《锅炉、热交换器用不锈钢无缝钢管》（GB 13296—2013）

4）节能环保

《工业锅炉水质》（GB 1576—2001）

《工业锅炉热工性能试验规程》（GB/T 10180—2017）

《锅炉大气污染物排放标准》（GB 13271—2014）

《工业锅炉节能监测方法》（GB/T 15317—2009）

《工业锅炉技能管理要求》（GB/T 38553—2020）

5）强度计算

《水管锅炉受压元件强度计算》（GB/T 9222—1988）

《锅壳锅炉受压元件强度计算》（GB/T 16508—1996）

6）锅炉运行

《工业锅炉经济运行》（GB/T 17954—2007）

《工业锅炉运行规程》（JB/T 10354—2002）

7）锅炉设计安装

《锅炉房设计规范》（GB 50041—2020）

《工业锅炉设计规范》（GB/T 16507—2013）

《工业锅炉安装工程施工及验收规范》（GB 50273—2022）

《锅壳锅炉》（GB/T 16508—2022）

《锅炉房设计工艺计算规定》（HG/T 20680—2011）

8）技术条件

《锅炉水压试验技术条件》（JB/T 1612—1994）

《锅炉受压元件焊接技术条件》（JB/T 1613—1993）

《常压热水锅炉通用技术条件》（NB/T 10941—2022）

《工业锅炉通用技术条件》（NB/T 47034—2021）

小结： 锅炉的种类多种多样，设计可根据以上标准，查阅适合类型和参数的锅炉标准进行设计。

问 59　哪个文件提到压力管道、反应釜等特种设备操作人员不再需要取证？

答： 2019 年 6 月 1 日起实施的《特种设备作业人员资格认定分类与项目》发生重大变化，将原有 12 个种类 55 个作业项目合并为 11 个种类 20 个作业项目。压力管道巡检维护、固定式压力容器操作等 35 个项目无需再取证。

快开门式压力容器操作、移动式压力容器充装、氧舱维护保养要求取得特种设备相关操作证件。

《市场监管总局关于特种设备行政许可有关事项的公告》〔市监总局〔2021〕第 41 号〕附件 2 特种设备作业人员资格认定分类与项目中压力容器作业（快开门式压力容器操作、移动式压力容器充装、氧舱维护保养分别对应 R1、R2、R3）。

小结： 关于特种设备操作人员资格分类和取证事项，请参考最新的 2021 年 41 号文《市场监管总局关于特种设备行政许可有关事项的公告》。

问 60　简单压力容器是否属于特种设备？

具体问题： 简单压力容器如空压机的储罐，容积 1 立方米，设计压力

1.2MPa，工作压 0.8MPa，是否属于特种设备？

答： 属于。相关参考如下：

<< **参考 1** 《压力容器 第 1 部分：通用要求》（ GB/T 150.1—2024 ）

标准释义，简单压力容器也是压力容器，只是其设计制造时不需进行型式试验，不需要办理使用登记手续，在设计使用年限内不需要进行定期检验。

<< **参考 2** 《固定式压力容器安全技术监察规程》（ TSG 21—2016 ）

A2.3 简单压力容器（注 A），同时满足以下条件的压力容器称为简单压力容器：

（1）压力容器由筒体和平盖、凸形封头（不包括球冠形封头），或者由两个凸形封头组成；

（2）筒体、封头和接管等主要受压元件的材料为碳素钢、奥氏体不锈钢或者 Q345R；

（3）设计压力小于或者等于 1.6MPa；

（4）容积小于或者等于 $1m^3$；

（5）工作压力与容积的乘积小于或者等于 $1MPa \cdot m^3$；

（6）介质为空气、氮气、二氧化碳、惰性气体、医用蒸馏水蒸发而成的蒸汽或者上述气（汽）体的混合气体；允许介质中含有不足以改变介质特性的油等成分，并且不影响介质与材料的相容性；

（7）设计温度大于或者等于 -20℃，最高工作温度小于或者等于 150℃；

（8）直接受火焰加热的焊接压力容器（当内直径小于或者等于 550mm 时允许采用平盖螺栓连接）。

<< **参考 3** 《固定式压力容器安全技术监察规程》（ TSG 21—2016 ）

7.1.11 简单压力容器和本规程 1.4 范围内压力容器的使用管理专项

要求。

简单压力容器和本规程 1.4 范围内压力容器不需要办理使用登记手续，在设计使用年限内不需要进行定期检验，使用单位负责其使用的安全管理。

参考 4 《特种设备目录》（2014 年第 114 号）

压力容器，是指盛装气体或者液体，承载一定压力的密闭设备，其范围规定为最高工作压力大于或者等于 0.1MPa（表压）的气体、液化气体和最高工作温度高于或者等于标准沸点的液体、容积大于或者等于 30L 且内直径（非圆形截面指截面内边界最大几何尺寸）大于或者等于 150mm 的固定式容器和移动式容器。

小结： 根据《压力容器 第 1 部分：通用要求》（GB/T 150.1—2024）标准释义，简单压力容器也是压力容器，只是其设计制造时不需进行型式试验，不需要办理使用登记手续，在设计使用年限内不需要进行定期检验。

问 61 简单压力容器储气罐的安全阀是否被强制需要定期校验？能否延长校验周期？如何延长？

答： 安全阀是特种设备（锅炉、压力容器）的安全附件，是一种不借助任何外力而利用自身介质的力来排出一定数量的流体，以防止压力超过某个预定安全值的自动阀门；当压力恢复正常后，阀门关闭关阻止介质继续流出。安全阀应定期校验，一般每年至少一次。

简单压力容器储气罐设计压力≤ 1.6MPa，容积≤ 1m³，介质一般为空气、氮气、二氧化碳、惰性气体等，设于简单压力容器上的弹簧直接载荷式安全阀符合校验周期延长的特殊要求，经过使用单位安全管理负责人批准可以按照其要求适当延长校验周期至 3 年或 5 年。

相关参考如下：

‹ 参考1 《安全阀安全技术监察规程》（TSG ZF001—2006）

B6.3.1 校验周期，安全阀的校验周期应当符合以下要求：

（1）安全阀定期校验，一般每年至少一次，安全技术规范有相应规定的从其规定；

（2）经解体、修理或更换部件的安全阀，应当重新进行校验。

‹ 参考2 《固定式压力容器安全技术监察规程》（TSG 21—2016）

A2.3 简单压力容器，同时满足以下条件的压力容器称为简单压力容器：

（1）压力容器由筒体和平盖、凸形封头（不包括球冠形封头）；或者由两个凸形封头组成；

（2）筒体、封头和接管等主要受压元件的材料为碳素钢、奥氏体不锈钢或者 Q345R；

（3）设计压力小于或者等于 1.6MPa；

（4）容积小于或者等于 $1m^3$；

（5）工作压力与容积的乘积小于或者等于 $1MPa \cdot m^3$；

（6）介质为空气、氮气、二氧化碳、惰性气体、医用蒸馏水蒸发而成的蒸汽或者上述气（汽）体的混合气体；允许介质中含有不足以改变介质特性的油等成分，并且不影响介质与材料的相容性；

（7）设计温度大于或者等于 −20℃，最高工作温度小于或者等于 150℃；

（8）非直接受火焰加热的焊接压力容器（当内直径小于或者等于 550mm 时允许采用平盖螺栓连接）。

危险化学品包装物、灭火器、快开门式压力容器不在简单压力容器范围内。

参考 3　《安全阀安全技术监察规程》(TSG ZF001—2006)

B6.3.2　校验周期的延长，当符合以下基本条件时，安全阀校验周期可以适当延长，延长期限按照相应安全技术规范的规定：

(1) 有清晰的历史记录，能够说明被保护设备安全阀的可靠使用；

(2) 被保护设备的运行工艺条件稳定；

(3) 安全阀内件材料没有被腐蚀；

(4) 安全阀在线检查和在线检测均符合使用要求；

(5) 有完善的应急预案。

关于"延长期限按照相应安全技术规范的规定"解读，特种设备安全监察局的回复如下：

特种设备延期校验　　　　　　　　　　　　留言日期：2024-01-04

您好：

我想请问一下关于特种设备延期校验的相关问题，就是压力容器和压力管道能不能延期校验，什么情况下可以延期，可以延期几次，一次可以延期多长时间？特种设备的安全附件（安全阀）同样是不是可以延期，可以延期几次，一次可以延期多长时间？

谢谢总局大人，期待总局大人的回复。

回复部门：特种设备安全监察局　　　　　　　时间：2024-01-09

《固定式压力容器安全技术监察规程》(TSG 21-2016) 中8.1.7.3 (2) 已明确规定，因特殊情况不能按期进行定期检验的压力容器，由使用单位提出书面申请报告说明情况，经使用单位主要负责人批准，征得上次承担定期检验或者承担基于风险的检验 (RBI) 的检验机构同意（首次检验的延期除外），向使用登记机关备案后，可以延期检验。安全阀校验周期可以适当延长，延长期限按照相应安全技术规范的规定，如固定式压力容器上使用的安全阀，其校验周期可查阅《固定式压力容器安全技术监察规程》(TSG 21-2016) 7.2.3.1.3、《安全阀安全技术监察规程》(TSG ZF001 - 2006) B6.3相关要求。

 参考 4　《固定式压力容器安全技术监察规程》(TSG 21—2016)

7.2.3.1.3　安全阀校验周期

7.2.3.1.3.1　基本要求

安全阀一般每年至少校验一次，符合本规程 7.2.3.1.3.2、7.2.3.1.3.3 校验周期延长的特殊要求，经过使用单位安全管理负责人批准可以按照其要求适当延长校验周期。

7.2.3.1.3.2 校验周期延长至 3 年

弹簧直接载荷式安全阀满足以下条件时，其校验周期最长可以延长至 3 年：

（1）安全阀制造单位能提供证明，证明其所用弹簧按照 GB/T 12243—2021《弹簧直接载荷式安全阀》进行了强压处理或者加温强压处理，并且同一热处理炉同规格的弹簧取 10%（但不得少于 2 个）测定规定负荷下的变形量或者刚度，测定值的偏差不大于 15% 的；

（2）安全阀内件材料耐介质腐蚀的；

（3）安全阀在正常使用过程中未发生过开启的；

（4）压力容器及其安全阀阀体在使用时无明显锈蚀的；

（5）压力容器内盛装非黏性并且毒性危害程度为中度及中度以下介质的；

（6）使用单位建立、实施了健全的设备使用、管理与维护保养制度，并且有可靠的压力控制与调节装置或者超压报警装置的；

（7）使用单位建立了符合要求的安全阀校验站，具有安全阀校验能力的。

7.2.3.1.3.3 校验周期延长至 5 年

弹簧直接载荷式安全阀，在满足本规程 7.2.3.1.3.2 中第（2）、（3）、（4）、（6）、（7）项的条件下，同时满足以下条件时，其校验周期最长可以延长至 5 年：

（1）安全阀制造单位能提供证明，证明其所用弹簧按照 GB/T 12243—2021 进行了强压处理或者加温强压处理，并且同一热处理炉同规格的弹簧取 20%（但不得少于 4 个）测定规定负荷下的变形量或者刚度，测定值的偏差不大于 10% 的；

（2）压力容器内盛装毒性危害程度为轻度（无毒）的气体介质，工作温度不大于 200℃的。

小结： 对生产需要长周期连续运转时间超过 1 年以上的设备，可以根据同类设备的实际使用情况和设备制造质量的可靠性以及生产操作采取的安全可靠措施等条件，并且符合本规程要求，进行风险评估，可以适当延长安全阀校验周期。

问 62　正压式呼吸器的气瓶属于特种设备吗？气瓶几年检测一次？

答： 空气呼吸器不属于特种设备，但气瓶应按特种设备来管理，充装和检测需要按照特种设备管理规定进行。

> **参考 1**　　空气呼吸器检验分气瓶和整机两个不同的部分，根据《工业空气呼吸器安全使用维护管理规范》（AQ/T 6110—2012）中要求：

正压式空气呼吸器气瓶应 3 年或者充装 2000 次后检测一次，空气呼吸器背板和其他部分一般建议 1 年 1 检；气瓶应按《呼吸防护用品的选择、使用与维护》（GB/T 18664—2002）有关规定，在具有相应压力容器检测资格的机构定期检测空气瓶或氧气瓶，一般委托当地特检院检测。

> **参考 2**　《气瓶安全技术规程》（TSG 23—2021）

表 9-1 规定：呼吸器用复合气瓶，介质为压缩天然气、氢气、空气、氧气，检验周期为 3 年。

小结： 正压式呼吸器的气瓶属于特种设备，气瓶检验周期为 3 年。

问 63　压力容器是不是都要安装安全阀？

答： 压力容器在操作过程中有可能出现超压时设置超压泄放装置或者根据设计要求装设超压泄放装置。相关参考如下：

参考1 《压力容器 第一部分：通用要求》（GB/T 150.1—2024）

4.9 超压泄放装置，"本标准适用范围内的容器，在操作过程中有可能出现超压时，应按附录B的要求设置超压泄放装置。"

B.3.3 有下列情况之一者，看成是一个容器，只需在危险的空间（容器或管道上）设置一个泄放装置，但在计算泄放装置的泄放量时，应把容器间的连接管道包括在内：a）与压力源相连接、本身不产生压力的容器，且该容器的设计压力达到压力源的压力；b）多个压力容器的设计压力相同或稍有差异，容器之间采用口径足够大的管道连接，且中间无阀门隔断或虽采用截断阀但有足够措施确保在容器正常工作期间截断阀处于全开的位置并铅封。

参考2 《固定式压力容器安全技术监察规程》（TSG 21—2016）

9.1.2 （1）本规程适用范围内的压力容器，应当根据设计要求装设超压泄放装置，压力源来自压力容器外部，并且得到可靠控制时，超压泄放装置可以不直接安装在压力容器上。

小结： 适用于GB/T 150系列标准范围内的容器，在操作过程中有可能出现超压时，应按附录B的要求设置超压泄放装置。

通过计算和分析，压力容器可能达到的最高压力小于等于容器的设计压力；压力源来自容器外部，容器的设计压力大于或者等于压力源设计压力，但多个容器连成一体，连接管道上无阀门隔断，可考虑为一个整体的压力系统在管道上设置泄压装置，可以不直接安装在压力容器上。

问 **64** 特种设备安全附件都有哪些？安全保护功能的设施有哪些？

答： 安全附件是指锅炉、压力容器、压力管道等承压类设备上用于控制温度、压力、容量、液位等技术参数的测量、控制仪表或装置，通常指安全阀、爆破片、液（水）位计、温度计等及其数据采集处理装置。

安全保护装置是指电梯、起重机械、客运索道、大型游乐设施和场（厂）内专用机动车辆等机电类设备上，用于控制位置、速度、防止坠落的装置，通常指限速器、安全钳、缓冲器、制动器、限位装置、安全带（压杠）、门锁及其联锁装置等。

‹ 参考1 《中华人民共和国特种设备安全法》

第三十九条释义：安全附件是指锅炉、压力容器、压力管道等承压类设备上用于控制温度、压力、容量、液位等技术参数的测量、控制仪表或装置，通常指安全阀、爆破片、液（水）位计、温度计等及其数据采集处理装置。

安全保护装置是指电梯、起重机械、客运索道、大型游乐设施和场（厂）内专用机动车辆等机电类设备上，用于控制位置、速度、防止坠落的装置，通常指限速器、安全钳、缓冲器、制动器、限位装置、安全带（压杠）、门锁及其联锁装置等。

‹ 参考2 对于锅炉，《锅炉安全技术规程》（TSG 11—2020）"10.4.3 安全附件和仪表"分述了安全附件（安全阀）及仪表（压力表、水位计及超压、低水位报警等）的要求。

‹ 参考3 对于压力容器，《固定式压力容器安全技术监察规程》（TSG 21—2016）"2 安全附件及仪表"明确指出，压力容器的安全附件包括直接连接在压力容器上的安全阀、爆破片装置、易熔塞、紧急切断装置、安全联锁装置。

‹ 参考4 对于压力管道，《压力管道监督检验规则》（TSG D7006—2020）之附件D《工业管道施工监督检验专项要求》中，"D2.12 安全附件"作出规定的安全附件包括安全阀、爆破片装置和紧急切断阀。

小结：综上，准确地说，安全附件未纳入监管的特种设备类别，明确规定包括 4 个品种，即安全阀、爆破片装置、紧急切断阀、气瓶阀门；不包括其他附件或仪表，如压力表、液面计、温度计等。安全保护装置是指电梯、起重机械、客运索道和游乐设施等机电产品上，用于控制位置、速度、防止坠落的装置，通常指限速器、安全钳、缓冲器、制动器、限位装置、安全带（压杠）、吊具、门机及其联锁装置等。

问 65 叉车维修单位需要有资质吗？

答： 需要。叉车属于《特种设备目录》中的 5110 类别。

■ **参考1** 《中华人民共和国特种设备安全法》

第二条 特种设备的生产（包括设计、制造、安装、改造、修理）、经营、使用、检验、检测和特种设备安全的监督管理，适用本法。

■ **参考2** 《中华人民共和国特种设备安全监察条例》

第十六条 锅炉、压力容器、电梯、起重机械、客运索道、大型游乐设施、场（厂）内专用机动车辆的维修单位，应当有与特种设备维修相适应的专业技术人员和技术工人以及必要的检测手段，并经省、自治区、直辖市特种设备安全监督管理部门许可，方可从事相应的维修活动。

■ **参考3** 《特种设备生产和充装单位许可规则》

2.1 一般要求

申请特种设备生产和充装许可的单位（以下简称申请单位），应当具有法定资质，具有与许可范围相适应的资源条件，建立并且有效实施与许可范围相适应的质量保证体系、安全管理制度等，具备保障特种设备安全性能的技术能力。

小结： 叉车的修理单位应当具备相应的资质。

问 66　叉车维修人员和操作人员是不是也需要取证？

答： 叉车操作人员需要取证，维修人员无需取证，但维修单位应取得特种设备安装改造修理单位许可（省级实施子项目）。相关参考如下：

> **参考**　《市场监管总局关于特种设备行政许可有关事项的公告》（国家市场监督管理总局公告 2021 年第 41 号）

附件 1　特种设备生产单位许可目录

许可类别	项目	由总局实施的子项目	总局授权省级市场监管部门实施或由省级市场监管部门实施的子项目	备注
安装改造修理单位许可	场（厂）内专用机动车辆修理	无	1.机动工业车辆（叉车） 2.非公路用旅游观光车辆（观光车、观光列车）	观光车：额定载客人数（含驾驶人员）6～23人，且最大运行速度≤30km/h 观光列车：额定载客人数（含驾驶人员和安全员）≤72人，且最大运行速度≤20km/h

附件 2　特种设备作业人员资格认定分类与项目

序号	种类	作业项目	项目代号
1	特种设备安全管理	特种设备安全管理	A
2	锅炉作业	工业锅炉司炉	G1
		电站锅炉司炉（注1）	G2
		锅炉水处理	G3
3	压力容器作业	快开门式压力容器操作	R1
		移动式压力容器充装	R2
		氧舱维护保养	R3
4	气瓶作业	气瓶充装	P
5	电梯作业	电梯修理（注2）	T

续表

序号	种类	作业项目	项目代号
6	起重机作业	起重机指挥	Q1
		起重机司机（注3）	Q2
7	客运索道作业	客运索道修理	S1
		客运索道司机	S2
8	大型游乐设施作业	大型游乐设施修理	Y1
		大型游乐设施操作	Y2
9	场（厂）内专用机动车辆作业	叉车司机	N1
		观光车和观光列车司机	N2
10	安全附件维修作业	安全阀校验	F
11	特种设备焊接作业	金属焊接操作	（注4）
		非金属焊接操作	

注：

1.资格认定范围为300MW以下（不含300MW）的电站锅炉司炉人员，300MW及以上电站锅炉司炉人员由使用单位按照电力行业规范自行进行技能培训。

2.电梯修理作业项目包括修理和维护保养作业。

3.可根据报考人员的申请需求进行范围限制，具体明确限制为桥式起重机司机、门式起重机司机、塔式起重机司机、门座式起重机司机、缆索式起重机司机、流动式起重机司机、升降机司机。如"起重机司机（限桥式起重机）"等。

4.特种设备焊接作业人员代号按照《特种设备焊接操作人员考核规则》的规定执行。

小结： 依据《市场监管总局关于特种设备行政许可有关事项的公告》的规定，叉车操作人员需要取证，维修人员不需要取证。

问 **67** 手拉葫芦或电动葫芦在地面吊装重物，操作人员需要持有特种设备操作证吗？

答： 不需要。依据如下：

> ◂ **参考** 原《特种设备目录》（国质检锅〔2004〕31号）中类别为"轻小型起重设备"的各种电动葫芦已不在《质检总局关于修订〈特种设备目录〉的公告》（2014年第114号）中特种设备目录栏中。

小结： 手拉葫芦、电动葫芦均不属于特种设备，不需要取得特种设备操作证。

问 68 热水锅炉属不属于压力容器？是否可以不用单独防火墙区域隔间？

答： 视情况而定。

1.热水锅炉的类别

（1）列入《特种设备目录》承压热水锅炉［出口水压≥0.1MPa（表压），且额定功率≥0.1MW（两个条件同时满足）］属于锅炉（特指作为特种设备锅炉，下同），不属于压力容器。

（2）未列入《特种设备目录》热水锅炉

1）出口水压＜0.1MPa（表压），额定功率不限，不属于锅炉，也不属于压力容器。

2）出口水压≥0.1MPa（表压）且额定功率＜0.1MW，不属于锅炉，同时：

①最高工作温度≥100℃、容积≥30L且内直径≥150mm的，属于压力容器；

②最高工作温度＜100℃、容积＜30L或内直径＜150mm的，不属于压力容器。

汇总列表分析如下：

名称	出口水压/MPa（表压）	额定功率/MW	最高工作温度/℃	容积/L	内直径/mm	类别
承压热水锅炉	≥0.1	≥0.1	/	/	/	锅炉
热水锅炉	<0.1	/	/	/	/	/
	≥0.1	<0.1	≥100	≥30	≥150	压力容器
			<100	<30	<150	/
			（其中之一）			

2. 热水锅炉的布置

（1）燃油、燃气的承压热水锅炉、热水锅炉，应布置单独防火墙区域隔间；

（2）其他非燃油、燃气（如电加热）的承压热水锅炉、热水锅炉布置时不强制设置独立隔间，但建议承压热水锅炉布置于独立隔间，热水锅炉可不作独立隔间考虑。

相关参考如下：

参考1 《质检总局关于修订〈特种设备目录〉的公告》（2014年第114号）

承压热水锅炉代码为1200，种类属于代码为1000的"锅炉"，具体指出口水压大于或者等于0.1MPa（表压），且额定功率大于或者等于0.1MW的承压热水锅炉；种类属于代码为2000的"压力容器"，与热水相关的具体指：盛装液体、承载一定压力的密闭设备，其范围规定为最高工作压力大于或者等于0.1MPa（表压）的最高工作温度高于或者等于标准沸点的液体、容积大于或者等于30L且内直径（非圆形截面指截面内边界最大几何尺寸）大于或者等于150mm的固定式容器。

参考2 《锅炉房设计标准》（GB 50041—2020）

4.1.2 要求"锅炉房宜为独立的建筑物"。

4.1.3　要求"当锅炉房和其他建筑物相连或设置在其内部时，不应设置在人员密集场所和重要部门的上一层、下一层、贴邻位置以及主要通道、疏散口的两旁，并应设置在首层或地下室一层靠建筑物外墙部位。"

参考3　《建筑设计防火规范》GB 50016—2014（2018 年版）

5.4.12　燃油或燃气锅炉，宜设置在建筑外的专用房间内；确需贴邻民用建筑布置时，应采用防火隔墙与所贴邻的建筑分隔。

参考4　《建筑防火通用规范》（GB 55037—2022）

4.1.4　燃油或燃气锅炉等独立建造的设备用房与民用建筑贴邻时，应采用防火墙分隔；设备用房附设在建筑内时，设备用房应采用耐火极限不低于 2.00h 的防火隔墙与其他部位分隔。

问 **69**　汽车起重机是否属于特种设备？

答： 不属于。

根据《质检总局关于修订〈特种设备目录〉的公告》（2014 年第 114 号），汽车起重机已从特种设备目录内删除，不属于特种设备。

小结： 依据现行的《特种设备目录》，汽车起重机不属于特种设备。

问 **70**　对特种设备作业人员申请条件的要求出自什么规范？

答： 特种设备一般属于事故风险较大的设备类型，故特种设备的作业人员需要经过培训考试合格后，持证上岗。相关要求参考如下：

参考1　《特种设备作业人员监督管理办法（国家质量监督检验检疫总局令第 140 号）》

第十条 申请《特种设备作业人员证》的人员应当符合下列条件：

（一）年龄在18周岁以上；

（二）身体健康并满足申请从事的作业种类对身体的特殊要求；

（三）有与申请作业种类相适应的文化程度；

（四）有与申请作业种类相适应的工作经历；

（五）具有相应的安全技术知识与技能；

（六）符合安全技术规范规定的其他要求。

作业人员的具体条件应当按照相关安全技术规范的规定执行。

‹ 参考2 《特种设备作业人员考核规则》（TSG Z6001—2019）

第十四条 申请人应当符合下列条件：

（一）年龄在18周岁以上且不超过60周岁，并且具有完全民事行为能力；

（二）无妨碍从事作业的疾病和生理缺陷，并且满足申请从事的作业项目对身体条件的要求；

（三）具有初中以上学历，并且满足相应申请作业项目要求的文化程度；

（四）具符合相应的考试大纲的专项要求；

第十五条 申请人应当向工作所在地或者户籍（户口或者居住证）所在地的发证机关提交下列申请资料：

（一）《特种设备作业人员考试申请表》（见附件B，1份）；

（二）近期2寸正面免冠白底彩色照片（2张）；

（三）身份证明（复印件，1份）；

（四）学历证明（复印件，1份）；

（五）体检报告（1份，相应考核大纲有要求的）。

申请人也可通过发证机关指定的网上报名系统填报申请，并且附前款要求提交的资料的扫描文件（PDF 或者 JPG 格式）。

小结： 特种设备作业人员申请条件的管理规定出自《特种设备作业人员监督管理办法（国家质量监督检验检疫总局令第 140 号）》和《特种设备作业人员考核规则》（TSG Z6001—2019）。

HSE

HEALTH SAFETY
ENVIRONMENT

第三章
设备管道管理

剖析设备运行机理，洞察设备运行规律，精准维护和监测，铸就设备长周期稳定运行。

——华安

问 71 柴油发电机房伸出室外的通气管需要加阻火器吗?

答: 建议设置。依据如下:

‹ 参考 1 《建筑设计防火规范》GB 50016—2014(2018 年版)

5.4.15 设置在建筑内的锅炉、柴油发电机,其燃料供给管道应符合下列规定:

1. 在进入建筑物前和设备间内的管道上均应设置自动和手动切断阀;

2. 储油间的油箱应密闭且应设置通向室外的通气管,通气管应设置带阻火器的呼吸阀,油箱的下部应设置防止油品流散的设施。

‹ 参考 2 《汽车加油加气加氢站技术标准》(GB 50156—2021)

13.1.4 当引用外电源有困难时,汽车加油加气站可设置小型内燃发电机组。内燃机的排烟管口应安装阻火器。

‹ 参考 3 《电力设备典型消防规程》(DL 5027—2015)

7.1.23 柴油机曲轴箱宜采用负压排气或离心排气,当采用负压排气时,连接通风管的导管应装设铜丝网阻火器。

‹ 参考 4 《中国石化炼化工程建设标准 柴油发电机组技术规定》(Q/SH 0700—2008)

4.3.7.4 排气点处应安装消声器和阻火器,并有防止雨水和砂子进入的设施。

小结: 建议设置阻火器。

问 72 不锈钢法兰是否可以用碳钢螺栓?

答: 不锈钢法兰可以使用碳钢螺栓。

碳钢螺栓在非腐蚀性环境中是可行的,但为了防止碳钢材质的螺栓生锈或腐蚀，通常需要对其进行特殊处理，如热镀锌。并且在使用碳钢螺栓时，应考虑到不锈钢和碳钢之间的电位差可能导致电化学腐蚀，在可能存在腐蚀的环境中，优先选择不锈钢螺栓会更加合适。依据如下：

‹ 参考1 《工业金属管道设计规范》GB 50316—2000（2008年版）

5.8.7　在剧烈循环条件下，法兰连接用的螺栓或者双头螺柱，应采用合金钢材料。

‹ 参考2 《钢制管法兰、垫片、紧固件选配规定（Class系列）》（HG/T 20635—2009）

3.3.7　低强度紧固件仅用于公称压力≤CL300，采用非金属平垫片的法兰接头，不应使用于剧烈循环工况。

对于法兰，需要的是其强度和刚度，合金钢螺栓和不锈钢法兰接触产生微弱腐蚀减薄，不会对其使用性能产生较大影响。

小结： 不锈钢法兰可以采用碳钢螺栓，螺栓的首要功能是保证法兰的紧固强度。

问 73　导淋、压力表、液位计前阀门法兰不多于4个螺栓，需要做静电跨接吗？

答： 如果不多于 4 个螺栓或测电阻超过 0.03Ω，应接尽接。相关参考如下：

◀ 参考 1 《石油库设计规范》（GB 50074—2014）

14.2.12 输油（油气）管道的法兰连接处应跨接。当不少于 5 根螺栓连接时，在非腐蚀环境下可不跨接。

◀ 参考 2 《汽车加油加气加氢站技术标准》（GB 50156—2021）

13.2.12 在爆炸危险区域内工艺管道上的法兰、胶管两端等连接处应用金属线跨接。当法兰的连接螺栓不少于 5 根时，在非腐蚀环境下可不跨接。

◀ 参考 3 《工业金属管道工程施工规范》（GB 50235—2010）

7.13.1 设计有静电接地要求的管道，当每对法兰或其他接头间电阻值超过 0.03 欧时，应设导线跨接。

◀ 参考 4 《化工企业静电接地设计技术规程》（HG/T 20675—1990）

2.7.5 当金属法兰采用金属螺栓或卡子相紧固时，一般情况可不必另装静电连接线。在腐蚀条件下，应保证至少有两个螺栓或卡子间的接触面，在安装前去锈和除油污，以及在安装时加防松螺帽等。

小结： 处于爆炸危险区域的少于 5 根螺栓的法兰，静电跨接应接尽接。

问 74 甲醇制氢、柴油加氢装置的氢气法兰需要跨接吗？

答： 每对法兰或螺纹接头间电阻大于 0.03Ω 就需要跨接。

◀ 参考 1 《石油库设计规范》（GB 50074—2014）

14.2.12.1 在爆炸危险区域的工艺管道，应采取下列防雷措施：

1）工艺管道的金属法兰连接处应跨接。当不少于 5 根螺栓连接时，在非腐蚀环境下可不跨接。

2）平行敷设于地上或非充沙管沟内的金属管道，其净距小于 100mm 时，应用金属线跨接，跨接点的间距不应大于 20m。管道交叉点间距小于 100mm 时，其交叉点应用金属线跨接。

‹ 参考 2 《石油化工静电接地设计规范》（ SH/T 3097—2017 ）

5.3.4 当金属法兰采用金属螺栓或卡子紧固时，一般可不必另装静电连接线，但应保证至少有两个螺栓或卡子间具有良好的导电接触面。

‹ 参考 3 《化工企业静电接地设计规程》（ HG/T 20675—1990 ）

2.7.5 当金属法兰采用金属螺栓或卡子相紧固时，一般情况下可不必另装静电连接线。在腐蚀条件下，应保证至少有两个螺栓或卡子间的接触面，在安装前去锈和除油污，以及在安装时加放松螺帽等。

条文说明：从不少单位的实践经验来看，用金属螺栓相连的金属法兰之间，单是螺栓相连，已具有足够的静电导通性。在有腐蚀条件下的安装要求，为的是确保导通性。

‹ 参考 4 《氢气使用安全技术规程》（ GB 4962—2008 ）

4.4.11 室内外架空或埋地敷设的氢气管道和汇流排及其连接的法兰间宜互相跨接和接地。氢气设备与管道上的法兰间的跨接电阻应小于 0.03Ω。

‹ 参考 5 《汽车加油加气站设计与施工规范》（ GB 50156—2021 ）

11.2.12 在爆炸危险区域内工艺管道上的法兰、胶管两端等连接处，应用金属线跨接。当法兰的连接螺栓不少于 5 根时，在非腐蚀环境下可不跨接。

‹ 参考 6 《压力管道安全技术监察规程—工业管道》（ TSG D0001— 2009 ）

第八十条 对法兰跨接防静电有如下规定：有静电接地要求的管道，应当测量各连接接头间的电阻值和管道系统的对地电阻值。当值超过《压力管道规范—工业管道》（GB/T 20801—2006）或者设计文件的规定时，应当设置跨接导线（在法兰或者螺纹接头间）和接地引线。

 参考7 《压力管道规范—工业管道 第4部分 制作与安装》（GB 20801—2020）

第10.12.1条规定：有静电接地要求的管道，各段间应导电良好。每对法兰或螺纹接头间电阻值大于0.03Ω时，应设导线跨接。

小结： 氢气属于易燃易爆介质，无论是否处于防爆区域，氢气管线的法兰螺栓少于5根时，都需要做法兰静电跨接。

问 75 哪些化学品需要备用储罐？能否举例说明？

答： 液氯储罐和合成氨企业中的液氨储罐需要设置应急备用罐或事故备用罐。除了液氯、合成氨企业中的液氨储罐以外，目前没有规范要求其他危险化学品也必须设置备用罐。相关参考如下：

 参考1 《关于氯气安全设施和应急技术的指导意见》（中国氯碱工业协会2010第070号）

2.液氯贮槽应急备用槽

根据液氯贮槽体积大小，至少配备一台体积最大的液氯贮槽作为事故液氯应急备用受槽，应急备用受槽在正常情况下保持空槽，管路与各贮槽相连接能予以切换操作，并应具备使用远程操作控制切换的条件。液氯贮槽进水管阀门应采用双阀。

液氯储罐的备用罐为空罐。

 参考2 《合成氨生产企业安全标准化实施指南》（AQ/T 3017—2008）

5.5.4.6 液氨储罐区应设置防火堤、备用事故氨罐、气氨回收、应急喷淋及清净下水回收等设施。

备用事故氨罐也要求空罐。

小结：液氯储罐和合成氨企业中的液氨储罐需要设置应急备用罐或事故备用罐。

问 **76** 双头螺栓使用过程有什么安全隐患？其安装使用有什么具体要求？

答：双头螺栓只要按设计要求选用、采购、安装和检查维护，风险可接受，可以满足使用要求。

单头螺栓一般应用在用在≤1.6MPa情况下，其他情况下均用双头螺栓。双头螺栓使用过程中可能会由于介质、环境、压力、温度、操作等使用场景的不同会出现疲劳断裂、应力开裂、外部腐蚀严重、检查维护测试不到位等导致失效等情况等安全隐患。

‹ 参考1 《机械设备安装工程施工及验收通用规范》（GB 50231—2009）

5.2.1　螺栓或螺钉联接紧固时，应符合下列要求：4 螺栓与螺母拧紧后，螺栓应露出螺母1-3 个螺距，其支承面应与被紧固零件贴合，沉头螺钉紧固后，沉头应埋入机件内，不得外露。

‹ 参考2 《石油化工金属管道工程施工质量验收规范》（GB 50517—2010）

8.1.10　法兰连接螺栓安装方向应一致，螺栓紧固后应与法兰紧贴；需加垫圈时，每个螺栓不应超过一个。紧固后的螺栓与螺母宜齐平或露出1～2 个螺距。

‹ 参考3 《工业金属管道工程施工规范》（GB 50235—2010）

7.3.4　法兰连接应使用同一规格螺栓，安装方向应一致，螺栓应对称紧固。螺栓紧固后应与法兰紧贴，不得有楔缝。当需要添加垫圈时，每个螺栓不应超过一个。所有螺母应全部拧入螺栓，且紧固后的螺栓与螺母宜齐平。

参考4 《石油化工非金属管道工程施工质量验收标准》（ GB 50690—2011 ）

6.2.5 法兰连接螺栓安装方向应一致，螺栓应均匀对称紧固。紧固后的螺栓与螺母应齐平或露出 1～2 倍螺距。

参考5 《危险化学品企业安全风险隐患排查治理导则》

4.9 设备设施完好性

4.9.3 和 4.9.4 要求对紧固件双头螺栓进行完好性检查。

小结： 螺栓是紧固件，螺栓的选用只要满足相关的标准规定和受力计算，安全风险是比较低的。

问 77 规范中的"平焊（平板式）法兰"，是特指平板式法兰还是平焊法兰和平板式法兰？

答： 我国现行法兰技术标准规范借鉴参考了国际标准 ISO、美国标准 ASME、德国标准 DIN EN 以及 JIS 标准的基础上，结合我国实际情况制定的，钢制管法兰技术标准采用了 PN 系列和 Class 系列，PN 系列和 Class 系列法兰的类型和代号略有不同；PN 系列中平焊法兰有带颈平焊法兰（SO）和板式平焊法兰（PL）。Class 系列中平焊法兰只有带颈平焊法兰（SO）。该问题中"平焊（平板式）法兰"应该是指板式平焊法兰，以区分带颈平焊法兰。

参考1 《钢制管法兰第1部分：PN 系列/第2部分：Class 系列》（ GB/T 9124.1/2—2019 ）

本标准中，PN 系列将法兰类型分为 12 种，Class 系列将法兰类型分为 7 种。

> **◂ 参考2** 《钢制管法兰（PN 系列）》（HG/T 20592—2009）

钢制管法兰（PN 系列）中法兰类型分为 10 种。平焊法兰分为板式平焊法兰 PL（平面和突面）和带颈平焊法兰 SO。

> **◂ 参考3** 《钢制管法兰（Class 系列）》（HG/T 20615—2009）

钢制管法兰（Class 系列）法兰类型分为 8 种。平焊法兰只有带颈平焊法兰一种。

> **◂ 参考4** 《板式平焊钢制管法兰》（JB/T 81—2015）

板式平焊法兰分为平面和突面平焊法兰。

> **◂ 参考5** 《板式平焊钢制管法兰》（GB/T 9119—2010）

板式平焊法兰分为平面和突面平焊法兰。

小结： 平焊（平板式）法兰特指的就是板式平焊法兰。

问 **78** 法兰紧固需要双头螺柱是依据哪个规范？

答： 压力容器、压力管道法兰紧固要求用等长双头 A 型或 B 型螺柱或全螺纹螺柱。其他法兰紧固根据不同情况选用符合要求的螺柱紧固，并不是所有法兰都需要使用双头螺柱紧固。相关参考如下：

> **◂ 参考** 《钢制管法兰用紧固件（PN 系列）》（HG/T 20613—2009）

5.0.2　商品级双头螺栓及 I 型六角螺母的使用条件应符合下列各项要求：

1. 公称压力等级小于或者等于 PN40。

2.非有毒、非可燃介质以及非剧烈循环场合。

小结： 双头螺栓的紧固性能较单头螺栓优越，故对一些泄漏后风险较大的法兰通常采用双头螺栓。

问 79 楼梯的顶部踏板必须与踏步平台相平吗？

答： 顶部踏板的上表面应与平台平面一致。相关参考如下：

> **参考** 《固定式钢梯及平台安全要求 第2部分：钢斜梯》（GB 4053.2—2009）

5.3 踏板

5.3.1 踏板的前后深度应不小于80mm，相邻两踏板的前后方向重叠应不小于10mm，不大于35 mm。

5.3.2 在同一梯段所有踏板间距应相同。踏板间距宜为225～255 mm。

5.3.3 顶部踏板的上表面应与平台平面一致，踏板与平台间应无空隙。

5.3.4 踏板应采用防滑材料或至少有不小于25mm宽的防滑突缘。应采用厚度不小于4mm的花纹钢板，或经防滑处理的普通钢板，或采用由5mm*4mm扁钢和小角钢组焊成的格板或其他等效的结构。

小结： 基于人员通行安全的角度，规定梯子踏步的顶部平面应与平台齐平。

问 80 阀体上的箭头代表介质流动方向还是承压方向？

答： 阀体上的箭头代表介质流动方向。相关参考如下：

> **参考1** 《工业阀门标志》（GB/T 12220—2015）

表 1 阀门必须使用的标志，项目 9：介质允许流向是必须使用的标志。且单向阀门必须标记介质允许流向箭头。

3.1　阀门必须使用的标志

公称尺寸不小于 DN32 的阀门必须使用的标志见表 1。

表 1　必须使用的标志

项目	标志	项目	标志
1	工程尺寸DN或NPS	7	阀体材料成型的铸造炉号或锻造批号
2	公称压力PN或压力等级Class[a]	8	依据的产品标准号
3	制造商的厂名或商标	9	介质允许流向
4	阀体材料牌号[b]	10	手轮或手柄启闭标志
5	阀体材料成型的铸造炉号或锻造批号	11	制造年、月
6	阀盖材料牌号[c]		

a 电站阀门可标记最高使用温度和对应的最大允许工作压力，如P$_{54}$100。

b 铜合金、铝合金材料的阀体，阀盖上可不标注材料牌号，材料牌号在铭牌上予以标记。

c 单向阀门必须标记介质允许流向箭头。

◀ **参考2** 《工业阀门　安装使用维护　一般要求》（GB/T 24919—2010）

4.2　安装

4.2.1　一般要求

4.2.1.1　阀门安装前应认真阅读安装使用说明书。

4.2.1.2　有流向规定的阀门，应按阀门规定流向安装。

4.2.1.3　一般情况下阀门手轮不要朝下安装，避免阀杆腐蚀。

◀ **参考3** 《石油、天然气工业用螺柱连接阀盖的钢制闸阀》（GB/T 12234—2019）

8.1　标志的内容

闸阀应按《工业阀门　标志》（GB/T 12220—2015）的规定进行标记（也即介质允许流向是必须使用的标志）

8.4 单流向阀的标志 闸阀为单流向时,应在阀体上注有流向永久标记,或用一个独立的流向铭牌牢固地设置在连接阀体与管道的法兰上。

◄ **参考4** 《城镇供热用双向金属硬密封蝶阀》(GB/T 37828—2019)

10.1 蝶阀的标志内容应符合表10的规定。

表10 蝶阀的标志内容

标志内容	标记位置
制造商名称或商标	阀体和铭牌
公称压力或压力等级	阀体和铭牌
公称尺寸	阀体和铭牌
产品型号	铭牌
阀体材料	铭牌
产品执行标准编号	铭牌
产品编号	铭牌
介质流向箭头	铭牌
制造年月	铭牌
净重（kg）	铭牌

小结: 其他类似规范不再一一列举,从以上各种标准规范来看,除非某型式阀门有针对箭头的专门说明,阀体上的箭头代表应是介质流动方向,且是必须标注项。

问 **81** 不同介质的管线颜色执行哪个规范?

答: 建议执行《工业管道的基本识别色、识别符号和安全标识》(GB 7231—2003)（有强制条款）,本标准中没有的再参照其它规范。

◄ **参考1** 《工业管道的基本识别色、识别符号和安全标识》(GB 7231—

2003）前言，"本标准第 4 章 4.1 [根据管道内物质的一般性能，分为八类、并相应规定了八种基本识别色和相应的颜色标准编号及色样（见表 1）]、第 6 章 6.1（危险标识）、6.2（消防标识）为强制性的。"

> **参考 2**　《石油化工设备管道钢结构表面色和标志规定》（SH 3043—2014）规定了石油化工设备、地上管道和钢结构的表面色和标志的要求，与 GB 7231—2003 基本一致。

> **参考 3**　《化工设备、管道外防腐设计规范》（HG/T 20679—2014）中 8.3 规定了化工管理涂色要求，与 GB 7231—2003 基本一致。

> **参考 4**　《管道系统安全信息标记　设计原则与要求》（GBT 38650—2020）规定了管道系统安全信息标记的要素内容、各要素的设计要求以及安全信息标记整体的设计及设置的原则和要求，与 GB 7231—2003 差异较大。

小结： 管线颜色标识建议采用强制国标《工业管道的基本识别色、识别符号和安全标识》（GB 7231—2003）。

问 **82** 接触氢气的阀门是否应采用铜和铜合金材料，具体是基于什么原因？

具体问题：《深度冷冻法生产氧气及相关气体安全技术规程》（GB 16912—2008）第 7.3.25 条规定，接触氢气的阀门不应采用铜和铜合金材料。《工业企业煤气安全规程》（GB 6222—2005）第 7.2.1 条规定：焦炉煤气、发生炉煤气、水煤气（半水煤气）管道的隔断装置不应使用带铜质部件。这类煤气的含氢量也很高的。焦炉煤气中氢气含量大约 59%，发生炉煤气中氢气含量大约 15%，水煤气中氢气含量大约 50%。这样的规定是基于什么原因？氢脆现象一般发生在碳素钢中。

答： 接触氢气的阀门一般不建议使用铜和铜合金材料。主要原因有三：

1. 氢脆敏感性：尽管铜和铜合金通常被认为对氢脆有较高的抵抗力，但在高温高压、低温高压氢气环境中，这些材料可能会变得对氢脆敏感，尤其是在存在应力集中的情况下。

2. 氢气环境的特殊性：在焦炉煤气、发生炉煤气、水煤气等含氢量高的气体环境中，氢气的温度、压力和浓度可能达到导致铜和铜合金发生氢脆的水平。

3. 安全风险：阀门和隔断装置是管道系统中的关键安全组件。如果这些组件因氢脆而失效，可能会导致气体泄漏或其他安全事故，特别是在工业生产环境中，这样的风险需要被严格避免。

相关参考如下：

◃ 参考1 《深度冷冻法生产氧气及相关气体安全技术规程》（GB 16912—2008）

7.3.25　接触氢气的阀门不应采用铜和铜合金材料。

这一规定的主要考虑是基于防止碱腐蚀的问题。在水电解制氢工艺中，氢气可能会夹带有碱液，而铜和铜合金材料在与碱液接触时容易发生腐蚀，这可能会影响阀门的密封性能和结构完整性，从而带来安全隐患。

◃ 参考2 《工业企业煤气安全规程》（GB 6222—2005）

7.2.1　在焦炉煤气、发生炉煤气、水煤气（半水煤气）管道的隔断装置中不应使用带铜质部件。

这是因为在这些煤气环境中，铜材料可能会因为氢气的存在而发生氢脆现象，尤其是在高压或特定的温度条件下，这可能导致材料性能下降，增加泄漏或其他安全事故的风险。

小结： 标准规定是基于确保氢气系统中阀门和隔断装置的安全性和可靠性，防止因材料腐蚀或氢脆而导致的潜在安全问题。

问 83 有毒易燃介质管道法兰不能用单头螺栓，是依据哪个标准？

答： 相关参考如下：

> **参考** 《钢制管法兰用紧固件（PN 系列）》（HG/T 20613—2009）

5.0.1 商品级六角头螺栓及Ⅰ型六角螺母的使用条件应符合下列要求：

1. 公称压力等级小于或者等于 PN16。

2. 非有毒、非可燃介质以及非剧烈循环场合。

3. 配用非金属平垫片。

5.0.2 商品级双头螺栓及Ⅰ型六角螺母的使用条件应符合下列各项要求：

1. 公称压力等级小于或者等于 PN40。

2. 非有毒、非可燃介质以及非剧烈循环场合。

5.0.3 除第 5.0.1、5.0.2 条外，应选用专用级全螺纹螺柱和Ⅱ型六角螺母。

小结： 易燃易爆有毒类介质的法兰应当选用双头螺栓，保证足够的压紧力。

问 84 氮封系统氮气管线是否需要设置止回阀？

答： 需要。相关参考如下：

> **参考1** 《石油化工企业设计防火标准》GB 50160—2008（2018年版）

7.2.7 公用工程管道与可燃气体、液化烃和可燃液体的管道或设备连接时应符合下列规定：

1. 连续使用的公用工程管道上应设止回阀，并在其根部设切断阀；

2. 在间歇使用的公用工程管道上应设止回阀和一道切断阀或设两道切断阀，并在两切断阀间设检查阀；

3. 仅在设备停用时使用的公用工程管道应设盲板或断开。

◁ **参考2** 《阀门的设置》（HG/T 20570.18—95）

2.0.7.1 对需作惰性气体保护的容器和储槽应设自力式控制阀并串接止回阀，参见行业标准《气封的设置》（HG/T 20570.16—95）

◁ **参考3** 《石油化工氮氧系统设计规范》（SH/T 3106—2019）

7.1.2 离心式压缩机排出管道设计，应符合下列规定：

c）应设置止回阀和防喘振设施，安装位置符合制造厂要求并应靠近压缩机进出口。

小结： 公用工程介质管线在连接工艺管线时，为了防止介质倒串，通常需要设置止回阀。

问 **85** 哪个规范要求管线双阀门设计？

答： 规定了设置双阀的标准或规定如下：

◁ **参考1** 《国家安全监管总局关于加强化工企业泄漏管理的指导意见》（安监总管三〔2014〕94号）

第5条 在设备和管线的排放口、采样口等排放阀设计时，要通过加装盲板、丝堵、管帽、双阀等措施，减少泄漏的可能性，对存在剧毒及高毒类物质的工艺环节要采用密闭取样系统设计，有毒、可燃气体的安全泄压排放要采取密闭措施设计。

◁ **参考2** 《石油化工储运系统罐区设计规范》（SH/T 3007—2014）

5.3.7 储罐物料进出口管道靠近罐根处应设一个总的切断阀，每根储罐物料进出口管道上还应设一个操作阀。储罐放水管应设双阀。

‹ 参考3 《石油化工企业职业安全卫生设计规范》（SH/T 3047—2021）

7.1.5.6 强腐蚀液体的排放阀门宜设双阀。

7.1.4.2 设备、机泵、管道、管件等易于发生物料泄漏的部位应采取可靠的密封方式。设备和管线的排放口、采样口的排放阀处宜采取加装盲板、双阀等措施。

‹ 参考4 《石油化工金属管道布置设计规范》（SH 3012—2011）

8.1.10 高压管道的放空或放净应设置双阀，当设置单阀时，应加盲板和法兰盖。

9.4.1 当装置中需设半固定式吹扫氮气时，在软管站内应设置氮气接头，并应设置双阀。

‹ 参考5 《仪表配管配线设计规范》（HG/T 20512—2014）

6.0.7 当压力等级大于或等于PN160的工况且根部阀为双阀时，仪表排放阀应设置为双阀或单阀加管帽。

‹ 参考6 《石油化工环境保护设计规范》（SH/T 3024—2017）

10.2.4 极度危害介质管道的排放应采用双阀，并排入密闭回收系统；其他有毒介质的排放可采用单阀加法兰盖。高压流体介质管道排放应采用双阀或单阀加法兰盖，其他流体介质管道排放应采用单阀加法兰盖。

10.2.10 输送有毒有害介质的离心泵或回转泵应设置底部排净阀，排净阀应设为双阀设计。

‹ 参考7 《石油化工企业设计防火标准》GB 50160—2008（2018年版）

7.2.8 连续操作的可燃气体管道的低点应设两道排液阀，排出的液体应排放至密闭系统；仅在开停工时使用的排液阀，可设一道阀门并加丝堵、管帽、盲板或法兰盖。

小结： 要求设置双阀的一般是介质为易燃易爆有毒类的，为了防止单个阀门内漏而采取的双保险措施。

问 86 8 个孔的法兰安装了四套螺栓合规吗？

答： 只要是 PN 等级或 CLASS 等级不匹配的，都不符合规范要求。相关参考如下：

‹ 参考 1 《工业金属管道工程施工规范》（GB 50235—2010）

7.3.3 法兰连接应与钢制管道同心，螺栓应能自由穿入。法兰螺栓孔应跨中布置。法兰间应保持平行，其偏差不得大于法兰外径的 0.15%，且不得大于 2mm。法兰接头的歪斜不得用强紧螺栓的方法消除。

7.3.4 法兰连接应使用同一规格螺栓，安装方向应一致。螺栓应对称紧固。螺栓紧固后应与法兰紧贴，不得有楔缝。当需要添加垫圈时，每个螺栓不应超过一个。所有螺母应全部拧入螺栓，且紧固后的螺栓与螺母宜齐平。

‹ 参考 2 《机械设备安装工程施工及验收通用规范》（GB 50231—2009）

6.2.1.4 设备连接螺栓应上齐、拧紧，螺栓与螺母（螺钉）拧紧后，螺栓应露出螺母 2-3 个螺距。

‹ 参考 3 《法兰接头安装技术规定》（GB/T 38343—2019）

6.3.4.1 将螺栓和螺母装配在法兰的每个螺栓孔上，将螺母适当拧紧或旋转到标记位置，每个螺栓端部伸出螺母的螺纹个数相等。

小结： 无论是应用于什么场景下的法兰，其螺栓孔均应 100% 安装螺栓。

问 **87** 厂区内的氨气管线能穿越与其无关的装置区吗?

答: 不能。相关参考如下:

> **参考1** 《石油化工企业设计防火标准》GB 50160—2008（2018年版）

7.1.4 永久性的地上、地下管道不得穿越或跨越与其无关的工艺装置、系统单元或储罐组。

> **参考2** 《精细化工企业工程设计防火标准》（GB 51283—2020）

7.1.4 永久性的地上、地下管道，严禁穿越与其无关的生产装置、生产线、仓库、储罐（组）和建（构）筑物。

小结: 氨气属于可燃且有毒，一旦泄漏，后果风险极大，故应禁止穿越与其无关的装置区。

问 **88** 液氯管道保冷材料有没相关的标准?

答: 有相关的技术规范。相关参考如下:

> **参考1** 《工业设备及管道绝热工程设计规范》（GB 50264—2013）

4.1.2 绝热材料及其制品的主要物理性能和化学性能应符合国家现行有关产品标准的规定，常用绝热材料的主要性能应符合本规范附录 A 的规定。

> **参考2** 《低温管道与设备防腐保冷技术规范》（SY/T 7350—2016）

4.2.1 应选择能提供最高或最低使用温度、燃烧性能、腐蚀性能即耐蚀性、防潮性能、抗压强度、抗折强度、化学稳定性、热稳定性等指标值的保冷材料，并能提供产品随温度变化的导热系数方程式或图表。硬质保冷材料应提供材料的线膨胀系数或线收缩率数据。

> **参考 3**　《低温管道绝热工程设计、施工和验收规范》（SY/T 7419—2018）

6.1.1　绝热层材料应满足最高和最低使用温度、燃烧性能、腐蚀性及耐蚀性、防潮性能、抗压强度、抗折强度、化学稳定性、热稳定性等性能参数的要求。硬质保冷材料应提供材料的线膨胀系数或线收缩率数据。

> **参考 4**　《山东省液氯储存装置及其配套设施安全改造和液氯泄漏应急处置指南》（鲁安办发〔2023〕14 号）

第二条　规范进行液氯管道的保冷设计、施工、验收，高度重视保冷防潮层和保冷材料的接缝等部位。日常检查中发现有结露、结冰的部位，应及时补充保冷，避免露点腐蚀。推荐采用聚氨酯保冷材料喷涂发泡进行施工，氧指数应大于 30。

小结： 液氯管线属于有毒类介质管线，其保温材料的选择应根据其设计条件和应用场景，选择适用的绝热方案。

问 **89**　管道穿墙加套管出自哪个标准？

答： 管道穿墙加套管技术规范要求出自《储罐区防火堤设计规范》（GB 50351—2014）、《工业金属管道设计规范》GB 50316—2000（2008 版）、《石油化工金属管道布置设计规范》（SH 3012—2011）、《石油化工非金属管道技术规范》（SH/T 3161—2011）等，相关技术规范和具体条款如下：

> **参考 1**　《储罐区防火堤设计规范》（GB 50351—2014）

3.1.4　进出储罐组的各类管线、电缆应从防火堤、防护墙顶部跨越或从地面以下穿过。当必须穿过防火堤、防护墙时，应设置套管并应采用不燃烧材料严密封闭，或采用固定短管且两端采用软管密封连接的形式。

参考2 《工业金属管道设计规范》GB 50316—2000（2008年版）

8.1.22　管道穿过安全隔离墙时应加套管。在套管内的管段不应有焊缝，管子与套管的间隙应用不燃烧的软质材料填满。

参考3 《石油化工金属管道布置设计规范》（SH 3012—2011）

3.1.33　管道穿过建筑物的楼板、屋顶或墙面时，宜设置套管，套管与管道间的空隙宜密封。套管的直径应大于管道隔热层的外径，并不得影响管道的移动。管道的焊缝不应布置在套管内，与套管端部的距离不应小于150mm。套管应高出楼板或屋顶面50mm。管道穿过屋顶时应设防雨罩。管道不应穿过防火墙。

参考4 《石油化工非金属管道技术规范》（SH/T 3161—2011）

4.2.4　对于穿墙、穿楼板的非金属管道，在墙或楼板上应预埋金属套管，套管应高出楼面50mm。

参考5 《消防给水及消火栓系统技术规范》（GB 50974—2014）

5.1.13　消防水泵吸水管、出水管穿越外墙时，应采用防火套管。

小结： 管道穿墙加套管，主要是为了保护管道不被外界破坏，另外也是出于墙体密封的需要。

问 90 管道穿越墙壁、楼板、分隔措施的封堵应执行什么标准规范？

答： 管道穿越墙壁、楼板或分隔措施应执行《建筑防火封堵应用技术标准》（GB/T 51410—2020）、《建筑防火封堵应用技术规程》（CECS 154：2003）相关条款。

参考1 《建筑防火封堵应用技术标准》（GB/T 51410—2020）

5.2.1　熔点不低于1000℃且无绝热层的金属管道贯穿具有耐火性能要求的建筑结构或构件时，贯穿孔口的防火封堵应符合下列规定：

1. 环形间隙应采用无机或有机防火封堵材料封堵；或采用矿物棉等背衬材料填塞并覆盖有机防火封堵材料；或采用防火封堵板材封堵，并在管道与防火封堵板材之间的缝隙填塞有机防火封堵材料。

2. 贯穿部位附近存在可燃物时，被贯穿体两侧长度各不小于1.0m范围内的管道应采取防火隔热措施。

◀ **参考 2**　《建筑防火封堵应用技术规程》（CECS 154—2003）

3.2.3　熔点不小于1000℃且有绝热层的钢管、铸铁管或铜管等金属管道贯穿混凝土楼板或混凝土、砌块墙体时，其防火封堵应符合下列规定：

1. 当绝热层为熔点不小于1000℃的不燃材料，或绝热层在贯穿孔口处中断时，可按本规程第3.2.1条的规定封堵；

2. 当绝热层为可燃材料，但在贯穿孔口两侧不小于0.5m的管道长度上采用熔点不小于1000℃的不燃绝热层代替时，可按本规程第3.2.1条的规定封堵；

3. 当绝热层为可燃材料时，其贯穿孔口必须采用膨胀型防火封堵材料封堵。当环形间隙较小时，宜采用阻火圈或阻火带，并应同时采用有机堵料如防火密封胶、防火泥、防火泡沫或无机堵料防火灰泥填塞；当环形间隙较大时，宜采用无机堵料防火灰泥辅以阻火圈或阻火带，矿棉板辅以阻火圈或有机堵料如膨胀型防火密封胶，或防火板辅以金属套筒加阻火圈、阻火带或有机堵料如膨胀型防火密封胶封堵。

问 **91**　连接多个安全阀的排放管道的管径怎么考虑？需考虑同时排放吗？

答： 考虑管径大小及同时排放的可能。相关参考如下：

> **参考 1** 《钢制球形储罐》（GB/T 12337—2014）

附录 B　（规范性附录）安全附件及附属设施

B.2　超压泄放装置：

B.2.1　超压泄放装置的计算与安装应按 GB/T 150.1—2011 附录 B 的要求。

B.2.2　盛装易爆液化气体的球罐，至少应设置 2 个安全阀，任意一个安全阀的泄放量应满足事故状态下球罐最大泄放量的要求；

B.2.3　两个或两个以上的安全阀装设在球罐的一个连接口时，该连接口的截面积，应不小于安全阀的进口截面积之和。

B.2.4　对液态烃或者毒性程度为极度、高度或者中度危害介质的球罐，必须在泄放装置的排出口装设导管，导管将泄放介质引至安全地点，并且进行妥善处理。

> **参考 2**　API（美国石油学会）标准，安全阀设置两套主要是从以下几个方面考虑的：一是满足泄放量要求：对于泄放量特别大的设备，一套安全不能满足要求的，需要采用两套并联，比如液化气罐的泄放；二是检修需要：连续生产的装置，当一套安全阀检修时，另一套仍能保证正常生产。

> **参考 3**　《输气管道工程设计规范》（GB 50251—2015）

3.4.5　安全阀泄放管直径计算应符合下列规定

1. 单个安全阀的泄放管直径应按背压不大于该阀泄放压力的 10% 确定且不应小于安全阀的出口管径；

2. 连接多个安全的泄放管直径应按所有安全阀同时泄放时产生的背压不大时其中任何一个安全阀的泄放压力的 10% 确定且泄放管截面积不应小于安全阀泄放支管截面积之和。

小结：多个安全阀同时排放时，管道截面积需满足各个安全阀的泄放量之和，只有单个安全阀排放时，按照最大安全阀的泄放量计算即可。

问 92 火炬管线应设置膨胀弯，间隔一段距离要设置分液罐的出处是哪？

答： 相关参考如下：

参考1 《石油化工可燃性气体排放系统设计规范》（SH 3009—2013）

8.1 分液

8.1.1 除酸性气排放系统外，可燃性气体排放总管进入火炬前应设置分液罐。

8.1.2 含凝结液的可燃性气体（碳五及碳五以上）排放管道宜每1000～1500m 进行一次分液处理。

参考2 《工艺系统工程设计技术规定 火炬系统设置》（HG/T 20570.12—1995）

2.0.1.3 火炬管线应设置膨胀节。

（2）火炬总管到分离器要有一定坡度以便排液，坡向分离器坡度不小于 0.2%，对于排液死角要设排液口并将排出液回收储存。

（3）要考虑温度对管路的影响，设置温度补偿的膨胀节，一般用环形的，特殊情况下用波纹形膨胀器。如果总管与总管相接或总管与支管相接，其接头处材质取两者材质高者，且其长度在接头处上游至少要有 5m。

小结： 放火炬线设置膨胀弯是为了增加管线的柔性，间隔一段距离设置分液罐是为了将液相尽可能分离出来，避免后端火炬气夹带液滴。

问 93 燃气调压柜安全泄放管道是否需要加阻火器？

答： 不需要。相关参考如下：

参考1 《城镇燃气设计规范》（GB 50028—2020）

6.6.10.5　在调压器燃气入口（或出口）处，应设防止燃气出口压力过高的安全保护装置（当调压器本身带有安全保护装置时可不设）。

7 调压站放散管管口应高出其屋檐 1.0m 以上。调压柜的安全放散管管口距地面的高度不应小于 4m；设置在建筑物墙上的调压箱的安全放散管管口应高出该建筑物屋檐 1.0m；地下调压站和地下调压箱的安全放散管管口也应按地上调压柜安全放散管管口的规定设置。

参考2　《石油化工石油气管道阻火器选用、检验及验收》（SH/T 3413—2019）

5.0.3　可燃性气体管道、油罐、容器等上面用于检修时惰化置换的排空管，以及正常操作期间保持关闭的泄压或排放管等可不设置阻火器。

参考3　《阻火器的设置》（HB/T 20570.19—95）

3.0.1

1）闪点低于或等于 43℃或流体最高工作温度高于或等于流体闪点的储罐直接放空管道（含带有呼吸阀的放空管道）设置阻火器；

2）可燃气体在线分析设备的放空总管设置阻火器；

3）进入爆破危险场所的内燃发电机排气管道设置阻火器；

4）其他有必要设置阻火器的场合。

小结： 阻火器一般安装在频繁启闭的气相排放管道上，对于安全阀的排放管线，正常情况下都是保持密闭状态，故不需要安装阻火器。

问 **94**　涉及易燃易爆、剧毒物料的危险化学品管道（包括管件）需要定期进行哪些检查、检测？

答： 一、涉及易燃易爆、剧毒物料的危险化学品管道（包括管件）属于压力管道的：

1.压力管道定义：最高工作压力大于或者等于 0.1MPa（表压），介质为气体、液化气体、蒸汽或可燃、易爆、有毒、有腐蚀性、最高工作温度高于或者等于标准沸点的液体，且公称直径大于或者等于 50mm 的管道。

2.压力管道 - 工业管道应进行工业管道年度检查（《中华人民共和国特种设备安全法》第三十九条第一款）和管道定期检验（《中华人民共和国特种设备安全法》第四十条第三款）。

（1）工业管道年度检查要求（TSG D7005—2018 附件 A）：年度检查，即定期自行检查，是指使用单位在管道运行条件下，对管道是否有影响安全运行的异常情况进行检查，每年至少进行一次。

年度检查应当至少包括对管道安全管理情况、管道运行状况和安全附件（安全阀、爆破片装置、阻火器、紧急切断阀）与仪表（压力表、测温仪表）的检查，必要时进行壁厚测定、电阻值测量。

年度检查工作中，检查人员应当进行记录，检查工作完成后，应当分析管道使用安全状况，出具检查报告。按照以下要求作出年度检查结论：

1）符合要求，指未发现影响安全使用的缺陷或者只发现轻度的、不影响安全使用的缺陷，可以在允许的参数范围内继续使用；

2）基本符合要求，指发现一般缺陷，经过使用单位采取措施后能够保证管道安全运行，可以在监控条件下使用，并且在检查结论中，应当注明监控条件、监控运行需要解决的问题及其完成期限；

3）不符合要求，指发现严重缺陷，不能保证管道安全运行的情况，不允许继续使用，必须停止运行或者由检验机构进行进一步检验。

年度检查由使用单位自行实施时，检查记录和年度检查报告应当由使用单位安全管理负责人或者授权的安全管理员审查批准。

（2）管道定期检验（TSG D7005—2018/1.3、1.6.1、2.8）

① 管道定期检验（TSG D7005—2018/1.3）

管道的定期检验，即全面检验，是指特种设备检验机构按照一定的时间周期，根据本规则以及有关安全技术规范及相应标准的规定，对管道安全状况所进行的符合性验证活动。

定期检验应当在年度检查的基础上进行。

② 定期检验周期（TSG D7005—2018/1.6.1）

管道一般在投入使用后 3 年内进行首次定期检验。以后的检验周期由检验机构根据管道安全状况等级，按照以下要求确定：

1）安全状况等级为 1 级、2 级的，GC1、GC2 级管道不超过 6 年检验一次，GC3 级管道不超过 9 年检验一次；

2）安全状况等级为 3 级的，一般不超过 3 年检验一次，在使用期间内，使用单位应对管道采取有效的监控措施；

3）安全状况等级为 4 级的，使用单位应对管道缺陷进行处理，否则不得继续使用。

③ 定期检验报告（TSG D7005—2018/2.8）

定期检验工作完成后，检验人员根据实际情况和检验结果，按照本规则规定评定管道的安全状况等级，出具检验报告，并且明确允许（监控）运行参数以及下次定期检查的日期。

二、涉及易燃易爆、剧毒物料的危险化学品管道（包括管件）不属于压力管道 [最高工作压力小于 0.1MPa（表压）且公称直径小于 50mm 的管道] 的：

建议按上述工业管道年度检查的要求进行定期检查。

参考1　《危险化学品安全管理条例》

第十三条第一款　生产、储存危险化学品的单位，应当对其铺设的危险化学品管道设置明显标志，并对危险化学品管道定期检查、检测。

参考2　《危险化学品输送管道安全管理规定》（国家安全生产监督管理总局令第 43 号）

第二条　生产、储存危险化学品的单位在厂区外公共区域埋地、地面和架空的危险化学品输送管道及其附属设施（以下简称危险化学品管道）

的安全管理，适用本规定。

原油、成品油、天然气、煤层气、煤制气长输管道安全保护和城镇燃气管道的安全管理，不适用本规定。

第十八条　管道单位应当按照有关国家标准、行业标准和技术规范对危险化学品管道进行定期检测、维护，确保其处于完好状态；对安全风险较大的区段和场所，应当进行重点监测、监控。

◁ **参考3**　《中华人民共和国特种设备安全法》

第三十九条第一款　特种设备使用单位应当对其使用的特种设备进行经常性维护保养和定期自行检查，并作出记录。

第四十条第三款　特种设备使用单位应当按照安全技术规范的要求，在检验合格有效期届满前一个月向特种设备检验机构提出定期检验要求。

未经定期检验或者检验不合格的特种设备，不得继续使用。

（1）工业管道年度检查报告示例

	工业管道年度检查结论报告
报告编号：	

工业管道年度检查报告

装　置　名　称：＿＿＿＿＿＿＿
管　道　名　称：＿＿＿＿＿＿＿
使用单位名称：＿＿＿＿＿＿＿
单　位　内　编　号：＿＿＿＿＿＿＿
检　查　日　期：＿＿＿＿＿＿＿

（印制检查单位名称）

	工业管道年度检查结论报告		
		报告编号：	
管道名称		管道级别	
起始—终止位置		单位内编号	
使用登记证编号			
使用单位名称			
管道使用地点			
安全管理人员		联系电话	
安全状况等级		下次年度检查日期	
检查依据	《压力管道安全技术监察规程——工业管道》(TSG D0001) 《压力管道定期检验规则——工业管道》(TSG D7005)		
问题及其处理	[检查发现的缺陷位置、性质、程度及处理意见(必要时附图或者附页)]		
检查结论	(符合要求、基本符合要求、不符合要求)	允许(监控)工作条件	
		压力　MPa　温度　℃	
		介质　　其他	
说明	(监控运行需要解决的问题及完成期限)		
检查：	日期：		
审核：	日期：	(检查单位检查专用章或者公章)
批准：	日期：	年　月　日

工业管道年度检查报告附页

报告编号：

序号	检查项目		检查结果	备注
1	安全管理情况			
2	管道本体及运行情况			
3	安全附件与仪表检查情况	安全阀		
		爆破片装置		
		阻火器装置		
		紧急切断阀		
		压力表		
		测温仪表		
4	电阻值测量			
5	壁厚测定			

（2）工业管道定期检验报告示例

报告编号：

工业管道定期检验报告

装 置 名 称：＿＿＿＿＿＿＿

管 道 名 称：＿＿＿＿＿＿＿

使用单位名称：＿＿＿＿＿＿＿

单 位 内 编 号：＿＿＿＿＿＿＿

检 验 类 别：（首次定期检验、定期检验）

检 验 日 期：＿＿＿＿＿＿＿

（印制检验机构名称）

工业管道定期检验结论报告

报告编号：

管道名称		单位内编号	
管道级别		起始—终止位置	
使用单位名称		使用登记证编号	
使用单位地址			
使用单位统一社会信用代码		邮政编码	
安全管理人员		联系电话	
设计使用年限	年	投入使用日期	

检验依据	《压力管道安全技术监察规程——工业管道》(TSG D0001)《压力管道定期检验规则——工业管道》(TSG D7005)
问题及其处理	[检验发现的缺陷位置、性质、程度及处理意见（必要时附图或者附页，也可以直接注明见某单项报告）]

性能参数	管道直径		mm	管道长度		m
	管道壁厚		mm	设计压力		MPa
	设计温度		℃	工作压力		MPa
	工作温度		℃	工作介质		

检验结论	安全状况等级评定为		级		
	（符合要求、基本符合要求、不符合要求）	允许(监控)工作条件			
		压力	MPa	温度	℃
		介质		其他	

说明	（包括变更情况）		
	下次定期检验日期：	年 月	

检验	日期：	检验机构核准证号：
审核	日期：	
批准	日期：	（检验机构检验专用章或者公章）年 月 日

113

参考 4 《管道腐蚀控制工程全生命周期通用要求》(GB/T 37190—2018)

1 范围 本标准适用于管道腐蚀控制工程全生命周期中有关活动的管理。

15 运行

15.4 运行管道腐蚀控制应包括外腐蚀控制和内腐蚀控制:

a) 外腐蚀控制: 2) 应定期检查腐蚀监测系统,不满足腐蚀控制工程保护准则,应调查原因并采取措施。

b) 内腐蚀控制: 2) 可通过安装探针、电阻监测装置、直接测量壁厚、腐蚀电位等方法,可利用现代通信技术进行在线监测关键位置的腐蚀情况。

参考 5 《钢质管道外腐蚀控制规范》(GB/T 21447—2018)

1 范围 本标准适用于陆上和海底新建、扩建及改建的输送介质低于100℃的油、气、水管道的外腐蚀控制。

9 运行及维护

9.1 陆上管道

9.1.1 一般要求 9.1.1.1 在役管道应制定管道外腐蚀检测计划并实施检测,检测应重点关注以下部位: 管道补口处; 热煨弯头; 绝缘接头附近; 保温层下的管道; 输送介质温度超过40℃的管段; 管道固定墩、支撑墩附近; 管道穿跨越段; 隧道内的管道; 阴极保护不足段; 杂散电流干扰段; 阴极保护屏蔽段; 涂层剥离区; 管道周围电解质异常污染或含有微生物。

9.1.2 管道检测 9.1.2.2 管道投产后宜在 3 年内进行管道基线检

测，检测间隔应根据上次检测结果综合确定。保温层管道宜缩短检测周期。

9.1.3　防腐层管理　9.1.3.3　宜定期进行防腐层检漏，并做好防腐层检漏修补记录。

9.1.3.7　当管道运行工况与环境发生变大变化，应对防腐层的服役性能重新评价。

关键词： 危险化学品管道（包括管件）

问 95　液氯、液氨管道不得采用软管连接的标准依据有哪些？

答： 液氯、液氨管道不得使用软管连接。相关参考如下：

◂ **参考1**　《关于进一步加强危险化学品安全生产工作的指导意见》（安委办〔2008〕26号）

第16条　在危险化学品槽车充装环节，推广使用万向充装管道系统代替充装软管，禁止使用软管充装液氯、液氨、液化石油气、液化天然气等液化危险化学品。

◂ **参考2**　国家安全监管总局　工业和信息化部关于危险化学品企业贯彻落实《国务院关于进一步加强企业安全生产工作的通知》的实施意见（安监总管三〔2010〕186号）

第14条　在危险化学品槽车充装环节，推广使用金属万向管道充装系统代替充装软管，禁止使用软管充装液氯、液氨、液化石油气、液化天然气等液化危险化学品。

◁ **参考3** 《应急管理部关于印发〈淘汰落后危险化学品安全生产工艺技术设备目录（第一批）〉的通知》（应急厅〔2020〕38号）"液化烃、液氯、液氨管道采用软管连接"被列入淘汰落后的设备。

◁ **参考4** 《氯气安全规程》（GB 11984—2008）

连接液氯气瓶必须使用紫铜管。

6.1.8 连接气瓶用紫铜管应预先经过退火处理，金属软管应经耐压试验合格。

◁ **参考5** 《石油化工企业设计防火标准》GB 50160—2008（2018年版）

7.2.18 液化烃、液氯、液氨管道不得采用软管连接，可燃液体管道不得采用非金属软管连接。

◁ **参考6** 《氯碱生产氯气安全设施通用技术要求》（T/CCASC 1003—2021）

4.5.6 液氯槽车充装设施应符合下列要求： a）应采用液体装卸臂（又称"万向管道"，俗称"鹤管"）系统或硬管等安全可靠的连接方式，不应采用软管连接。

小结： 由于软管连接的强度较低，且增加的两个接头会形成潜在的泄漏源，故对于液化烃、液氯和液氨之类的危险介质，禁止采用软管连接。

问 **96** 厂区氢气管道颜色应该涂什么色？

答： 目前在用规范要求氢气管线的颜色大致分三种：

（1）《石油化工设备管道钢结构表面色和标志规定》（SH/T 3043—2014）

表 6.2.1 可燃气休 标志色：淡黄 Y06；文字色：大红 R03。

（2）《工业管道的基本识别色、识别符号和安全标识》（GB 7231—2003）中规定的气体管线是中黄色。

（3）《石油化工厂区管线综合技术规范》（GB 50542—2009）中规定的氢气管线是天酞蓝色。

（4）《深度冷冻法生产氧气及相关气体安全技术规程》（GB 16912—2008）

第 4.12.1 条规定氢气管道颜色为红色。

小结： 管线的颜色标识，首先要保证唯一性；其次各种管线的颜色要具有明显的可辨别性，容易区分。GB/T 38650—2020、GB 7231—2003、GB 50542—2009 等标准可做参考。另外注意的是，一旦采用了其中一个标准，那么所有管道的颜色标识都要采用该标准体系。企业可根据的行业和企业特点，制定适合自己的管道识别色。

问 97 哪个标准规定液碱管道法兰要设置防喷溅安全措施？

答： 通常液碱管道安装防喷溅护套，这是企业比较普遍的做法，在道路上方的管道不应安装阀门、法兰、螺纹接头及带有填料的补偿器等可能泄漏的组件。因现场设备安全条件等所限，法兰等可能泄漏的组件安装在道路上方等有人经常经过的区域，腐蚀性液体建议做好防喷溅的安全措施。

在设计和安装液碱管道系统时，应遵循相关的国家标准和行业标准，确保采取适当的安全措施来防止在操作过程中可能出现的化学品泄漏或喷溅，从而保护人员安全和减少环境污染。相关参考如下：

◁ 参考1 《化工企业安全卫生设计规范》（HG 20571—2014）

5.6.1　设计具有化学灼伤危害物质的生产过程时，应合理选择流程、设备和管道结构及材料，防止物料外泄和喷溅。

◁ 参考2 《工业金属管道设计规范》GB 50316—2000（2008年版）

8.1.11　在道路、铁路上方的管道不应安装阀门、法兰、螺纹接头及带有填料的补偿器等可能泄漏的组件。

◁ 参考3 《石油化工企业职业安全卫生设计规范》（SH/T 3047—2021）

7.1.4.2　设备、机泵、管道、管件等易发生物料泄漏的部位应采取可靠的密封方式。设备和管线的排放口、采样口的排放阀处宜采取加盲板、双阀等措施。

◁ 参考4 《氯碱生产氯气安全设施通用技术要求》（T/CCASC 1003—2021）

4.1.9　液体危险化学品管道法兰应采用法兰防喷溅防护罩。

◁ 参考5 《酸碱罐区设计规范》石化联合会团体标准

10.2.4　酸碱管道布置在人行通道或机泵上方，或跨越罐组内不同腐蚀防护区域时，不应设置阀门及易发生泄漏的管道附件，如不可避免，则应设置防泄漏保护罩。

小结： 液碱存在腐蚀性，对人体表面组织会造成不可逆的健康伤害，故对液碱管道的法兰采用放喷溅防护罩，可以避免突发泄漏时保护人员健康安全。

问 98 主管道设有阻火器，分管道上还需要吗？

具体问题描述： 天然气主管道上设有阻火器，在进入加热炉的各分支管道上还需要单独加装阻火器吗，是否有相应的规范要求？

答： 原则上需要。相关参考如下：

‹ 参考1 《石油化工企业设计防火规范》GB 50160—2008（2018年版）

7.2.12 加热炉燃料气调节阀前的管道压力等于或小于 0.4MPa（表），应在每个燃料气调节阀与加热炉之间设置阻火器。

‹ 参考2 《石油化工金属管道布置设计规范》（SH 3012—2011）

11.2.1 加热炉燃料气主管线上的管道阻火器应靠近加热炉布置，并便于检修，管道阻火器距离燃烧器不宜大于 12m。

‹ 参考3 《石油化工石油气管道阻火器选用检验及验收标准》（SH/T 3413—2019）

6.2.12 阻火器应安装在接近点火源的位置。

小结： 阻火器的设置是为了阻止火焰的双向传播，且需要尽量靠近燃烧器，如果主管线上的阻火器距离燃烧器较远（>12m），应在每个燃料气调节阀与加热炉之间设置阻火器。

问 99 坑池内储罐裸露，不填砂覆土，这算埋地罐吗？

答： 不算。相关参考如下：

‹ 参考1 《汽车加油加气加氢站技术标准》（GB 50156—2021）

术语 2.1.25

埋地油罐：罐顶低于周围 4m 范围内的地面，并采用覆土或罐池充沙方式埋设在地下的卧式油品储罐。

> **参考 2** 《钢制常压储罐 第一部分：储存对水有污染的易燃和不易燃液体的埋地卧式圆筒形单层和双层储罐》（AQ 3020—2008）

3.3 埋地储罐：局部或全部埋入土壤中的储罐。

小结： 采用覆土或罐池充沙方式埋设在地下的储罐，才是埋地储罐。

问 100 柔性连接有没有规范要求，例如长度？

答： 柔性连接的设计规范要参考《石油化工管道柔性设计规范》（SH/T 3041—2016）来进行强度计算，另外如果选用金属软管来作为软连接的话，金属软管的长度尺寸参照《石油化工管道用金属软管选用、检验及验收》（SH/T 3412—2017）来选型。

问 101 城镇天然气管道标识要求是黄色，石油化工企业天然气管道有颜色要求吗？

答： 依照相关规范，天然气基本识别色为中黄，Y07，标识色大红，R03。相关参考如下：

> **参考 1** 《工业管道的基本识别色、识别符号和安全标识》（GB 7231—2003）基本识别色为中黄 Y07

> **参考 2** 《石油化工设备管道钢结构表面色和标志规定》（SH 3043—

2014）基本识别色为淡黄 Y06；文字色大红，R03。

‹ **参考 3**　《化工设备、管道外防腐设计规范》（HG/T 20679—2014）：

基本识别色为中黄 Y07；识别色大红，R03。

小结： 天然气管道颜色标识按照标准规范选取，规定为中黄色。

HSE

HEALTH SAFETY
ENVIRONMENT

第四章
设备附件管理

锚定设备附件适配与品质，严管选型、采购、维保环节，赋能设备协同最优效能。

——华安

问 102 安全阀必须加截断阀吗？

答： 安全阀的进出口管道一般不允许设置截断阀。若涉及安全阀拆卸检定或一开一备等特殊情况时，进出口切断阀应考虑铅封或上锁。依据如下：

参考1 《安全阀安全技术监察规程》（TSGZF 001—2006）

B4.2（4）安全阀的进出口管道一般不允许设置截断阀，必须设置截断阀时，需要加铅封，并且保证锁定在全开状态，截断阀的压力等级需要与安全阀进出口管道的压力等级一致，截断阀进出口的公称通径不小于安全阀进出口法兰的公称通径。

参考2 《固定式压力容器安全技术监察规程》（TSG 21—2016）

9.1.3（4）超压泄放装置于压力容器之间一般不宜安装截止阀门；为实现安全阀的在线校验，可在安全阀与压力容器之间安装爆破片装置；对于盛装毒性危害程度为极度、高度、中度危害介质，易爆介质，腐蚀、黏性介质或贵重介质的压力容器，为便于安全阀的清洗与更换，经过使用单位安全管理负责人批准，并且制定可靠的防范措施，方可在超压泄放装置与压力容器之间安装截止阀门，压力容器正常运行期间截止阀门必须保持全开（加铅封或者锁定），截止阀门的结构和通径不得妨碍超压泄放装置的安全泄放。

参考3 《石油化工储运系统罐区设计规范》（SH/T 3007—2014）

6.4.2 d）压力储罐安全阀应设在线备用安全阀和一个安全阀副线。安全阀前后应分别设一个全通径切断阀，并应在设计图纸上标注 LO（铅封开）。

参考4 《石油化工金属管道布置设计规范》（SH 3012—2011）

10.2.10 当安全阀进出口管道上设有切断阀时，应铅封开或锁开；当切断阀为闸阀时，阀杆应水平安装。当安全阀设有旁路阀时，该阀应铅封关或锁关。

> **参考5** 《压力管道规范》(GB 20801.4—2020)

10.9.4 安全阀的安装应符合下列规定：

a）安全阀应垂直安装；

b）安全阀的出口管道应接向安全地点；

c）当进出管道上设置切断阀时，应加铅封，且应锁定在全开启状态。

小结： 安全阀的根部一般不允许设根部阀，但是为了定期校验的便利，可以加根部阀，但需要进行铅封锁开。

问 103 压力表 ABC 分类的依据是什么？

答： 1988 年 10 月 10 日，原化学工业部、国家技术监督局联合发布《化学工业计量器具分级管理办法（试行)》，对计量器具按 A、B、C 三级分级进行管理，目前很多企业对压力表也是实行分级管理，分类只是为了更好的管理，以便分级实施差异性预防性维护策略。

问 104 压力表检定周期可以一年吗？

具体问题： 《弹性元件式一般压力表、压力真空表和真空表检定规程》（JJG 52—2013）第 7.5 条要求压力表的检定周期一般不超过 6 个月。请问可以是一年吗？

答： 压力表属于计量器具。压力表属于计量器具，应根据用途，分级管理。相关参考要求如下：

一、压力表的分级

1. 根据《化学工业计量器具分级管理办法（试行）》化工部、技术监督局〔1988〕806 号，与压力表分级管理有关的内容如下：

第三条 计量器具按 A、B、C 三级进行管理。

第四条 A 级管理范围 1. 企事业单位的最高标准器。

2. 经政府计量行政部门认证授权的社会公共计量标准器。

3.《计量法》规定的用于贸易结算、安全防护、环境监测、医疗卫生方面属于强制检定的计量器具。

4. 统一量值的标准物质。

第五条 B 级管理范围

1. 用于量值传递的工作标准计量器具。

2. 用于生产过程中带有控制回路和较重要检测参数的计量器具或施工过程中检测主要参数的计量器具。

3. 用于企业内部经济核算、物资管理的计量器具。

4. 用于产品质量检验中主要的计量器具。

5. 安装在生产线或设备上，计量数据准确度要求高但非停产不能拆卸的计量器具。

第六条 C 级管理范围

1. 用于生产过程中非关键部位，无准确度要求，仅起指示作用的计量器具。

2. 对计量数据准确度要求不高，使用频次低，性能稳定的计量器具。

3. 使用环境恶劣、寿命短、低值易耗的无严格准确度要求的及自制专用的计量器具。

4. 生产工艺过程检测中，非关键项目的低值易损性计量器具。

5. 作为工具使用的计量器具。

6.用于生活方面的用户计量器具及基层职工福利方面的计量器具。

7.成套设备不能拆卸的指示仪表、盘装仪表。

二、压力表的检定

压力表的检定分为强制检定和非强制检定。A级压力表属于强制检定压力表，B级和C级压力表属于非强制检定压力表，其中B级压力表应进行周期检定，C级压力表根据具体用途，分为周期检定、使用前检定、一次性故障修检或不检定（一次性故障更换）。具体A、B、C级压力表的检定要求如下：

A级：

1.单位的最高标准压力仪表，其检定周期一般不超一年。

2.《中华人民共和国计量法》规定的用于安全防护方面的压力表，其检定周期一般不超六个月。

B级：

1.化工生产企业，用于工艺过程控制的压力表，其检定周期为装置检修期；

2.化工施工企业，用于测量施工过程中的主要参数的压力表，其检定周期为12个月。

C级：

1.化工生产企业，用于监测的压力表，其检定周期一般为1～2个检修周期［根据《化学工业计量器具分级管理办法（试行）》第九条C级计量器具管理办法中第2条以及附录一　化工生产企业计量器具分级管理目录中（三）C级计量器具管理目录中对检定周期的要求，考虑到目前石油化工企业的检修期一般会超过三年、煤化工企业的检修期也有超过两年才检修的情况，建议C级压力表的检定周期为1～2个检修周期］。

2.化工生产企业，用于监视的压力表，不需检定，一次性故障更换。

3.化工施工企业，用于监视的压力表、氧压表、乙炔表，一次性故障修检。

4.化工施工企业，用于施工过程检测试压参数的压力表，使用前检定。

小结： 压力表应分级管理和检定。

问 105 压力就地／远传指示及泄放系统一般指哪些？

具体问题： 塔顶操作压力大于 0.03MPa 的蒸馏塔、汽提塔、蒸发塔等应设置压力就地／远传指示及泄放系统一般指哪些？

答： 就地指示压力表是安装在工厂、厂房等现场的压力表，通过仪表管道连接到被测介质上，可以实时监测介质的压力值，并指示显示。远传指示压力表是安装在被测介质设备的一端，通过信号传输技术将压力信号远传到显示仪表或者控制系统，以实现远程监测和控制。泄放系统是指安全泄压设施排放系统，由压力泄放装置、管线及处理系统组成，安全泄压设施一般包括安全阀、爆破片等。相关参考如下：

‹ **参考1** 《泄压和减压系统指南》（ SYT 10043—2002 ）

该标准称之为压力泄放系统，定义如下：

1.3.24 压力泄放系统

由压力泄放装置、管线及处理系统组成，它用于安全泄放、输送和处理蒸气、液体或气体。泄压系统可以仅由一个压力泄放阀或安全爆破片组成，排放管可有可无，可安装在单个的容器或管线上。更复杂的压力泄放系统可以包含多个压力泄放装置，这些压力泄放装置均与同一管汇相连输送到处理设备。

‹ **参考2** 《石油化工装置安全泄压设施工艺设计规范》（ SH/T 3210—2020 ）

该标准称之为安全泄压设施，定义如下：

3.1.1　安全泄压设施

一种用来在压力系统处于紧急或异常状况时防止其内部介质压力升高到超过规定安全值的设施。

小结： 就地压力 / 远传压力都是为了方便现场人员和控制室人员第一时间观测到压力信息，安全泄压设施是为了防止设备超压而专门配置的超压防护设施。

问 106　如何理解安全阀宜设置备用？

具体问题： 介质为黏性、强腐蚀性或毒性程度为高度危害及以上的安全阀宜设置备用，备用安全阀应与在用安全阀相同规格。这个备用安全阀的意思是设置两个吗（就是一用一备）？

答： 安全阀设置备用是指总的安全阀数量至少两个（且一用一备），但不限于两个。备用安全阀应与在用安全阀相同规格，安全阀是互为备用的，当一台安全阀出现问题或者到了定期校验周期可以进行切换投用，确保安全阀始终处于有效投用状态。相关参考如下：

◖参考1 《石油化工装置安全泄压设施工艺设计规范》（SH/T 3210—2020）

4.6　介质为黏性、强腐蚀性或毒性程度为高度危害及以上的安全阀宜设置备用，备用安全阀应与在用安全阀相同规格。

◖参考2 《城镇燃气设计规范》GB 50028—2006（2020 年版）

8.8.12 第 2 条规定，容积为 100m³ 或 100m³ 以上的储罐应设置 2 个或 2 个以上安全阀。

小结： 安全阀是一种重要的安全泄放设施，对于一些易燃易爆有毒等风险较大的设备，一旦安全阀存在故障或者失效，会造成潜在的安全事故，故此种情况下，可以设置两个安全阀，一用一备，提高系统的稳定性和安全性。

问 107　鹤管快速接头防脱装置设置有哪些规范要求？

答： 具体的技术规范及条文如下：

参考1　《特种设备生产和充装单位许可规则》（TSG 07—2019）

C3.4.2　专用的充装台（线）和充装装置的配置

1）装卸用管应当符合相关标准的技术及安全要求；

2）装卸用管与移动式压力容器有可靠的连接方式；

3）具有防止装卸用管拉脱的联锁保护装置或者措施。

参考2　《移动式压力容器充装许可规则》（TSG R4002—2011）

A3.2　专用的装卸台（线）和装卸装置要有防止装卸用管拉脱的联锁保护装置。

参考3　《汽车加油加气加氢站技术标准》（GB 50156—2021）

7.5.4　LPG卸车应采用具备自动锁定、脱落和拉断能自封闭的专用接头。

参考4　山东省人民政府安全生产委员会办公室关于印发《山东省可燃液体、液化烃及液化毒性气体汽车装卸设施安全改造指南》的通知（鲁安办发〔2024〕2号）

第8项　为防止装卸车鹤管与汽车罐车快接接头的卡件在装卸车过程中松动、脱开，应采用卡件防脱设施（功能设计可参考下图）。

小结：鹤管是用来实现液体装卸的主要设施，鹤管和罐车连接的接头通常采用快速接头，一旦接头出现泄漏或脱落，会造成严重的安全事故，故鹤管需要设置防脱功能。

问 **108**　反应釜上安全阀需要定期开启释放测试吗？

答：不需要。相关参考如下：

◀ **参考1**　《安全阀安全技术监察规程》（TSG ZF001—2006）

附录　**B6.3**

B6.3.1　校验

安全阀的校验周期应符合以下要求：

（1）安全阀定期校验，一般每年至少一次，安全技术规范有相应规定的从其规定；

（2）经解体、修理或更换部件的安全阀，应当重新进行校验。

◀ **参考2**　《安全阀安全技术监察规程》（TSG ZF001—2006）第1号修改单

第七条第二款：安全阀使用单位具备安全阀校验能力，向省级质量技术监督部门告知后，可以自行进行安全阀的校验工作。没有校验能力的使用单位，应当委托有安全阀校验资格的检验检测机构进行。

小结：固定式压力容器用安全阀每年至少校验一次；特殊情况按相应的技术规范规定执行。

对于弹簧直接载荷式安全阀，当满足所规定的条件时，可延长校验周期为3年或5年。满足上述规定便可，无规定安全阀需要定期开启释放测试。

问 **109**　齿轮泵出口增加安全阀，有相关的依据吗？

答：泵按液体原理分为叶片式（叶片式分为离心泵、轴流泵、漩涡泵）、容积式（容积式包括往复式和回转式。往复式包括柱塞泵、活塞泵、隔膜泵；回转式包括齿轮泵、螺杆泵）和其他类型。齿轮泵属于容积式泵。相关参考如下：

参考1 《安全阀的设置和选用》（HG/T 20570.2—95）

5.0.2.4　容积式泵和压缩机必须安装安全阀。

参考2 《石油库设计规范》（GB 50074—2014）

7.0.17　无内置安全阀的容积泵的出口管道上应设安全阀。

参考3 《石油化工储运系统泵区设计规范》（SH/T 3014—2012）

9.2　电动容积式泵出口管道上应设置安全阀。

参考4 《液体物料泵区设计规定》（SDEP-SPT-ST 2006—2008）

8.2.1　电动往复泵、螺杆泵、齿轮泵、滑片泵等容积式泵的出口管道必须安装安全阀。

参考5 《往复式容积泵和泵装置　技术要求》（GB/T 40077—2021）

7.7.1　采用容积泵的系统，需要装配安全泄压装置。

参考6 《石油化工企业设计防火标准》GB 50160—2008（2018年版）

5.5.1　在非正常条件下，可能超压的下列设备应设安全阀：

1.顶部最高操作压力大于等于 0.1MPa 的压力容器；

2.顶部最高操作压力大于 0.03MPa 的蒸馏塔、蒸发塔和汽提塔（汽提塔顶蒸汽通入另一蒸馏塔者除外）；

3.往复式压缩机各段出口或电动往复泵、齿轮泵、螺杆泵等容积式泵的出口（设备本身已有安全阀者除外）；

4.凡与鼓风机、离心式压缩机、离心泵或蒸汽往复泵出口连接的设备不能承受其最高压力时，鼓风机、离心式压缩机、离心泵或蒸汽往复泵的出口；

    5. 可燃气体或液体受热膨胀，可能超过设计压力的设备；

    6. 顶部最高操作压力为 0.03～0.1MPa 的设备应根据工艺要求设置。

小结： 对于容积泵的出口管道，为了防止超压，需要设置安全阀。

问 110 装卸液氨的鹤管是否要加装拉断阀？

答： 需要。液氨鹤管上设置的拉断阀，当承受一定拉力时，拉断阀会自动断开，防止因装卸槽车的无意溜车或者管道压力过大时而拉断装卸管引起泄漏，防止意外的发生而造成人员和设备的更大危害。拉断阀需人工复位并可以重复拉断使用。常用的有法兰和内螺纹两种连接方式。拉断阀特点如下：

    1. 被动触发型安全保护装置，在液氨鹤管出现压力过载时才触发。

    2. 机械结构精简，所有部件均为紧固件，拉断时没有飞逸风险。

    3. 内置独立切断安全保护阀，无需外部辅助电源。

    4. 拉断后现场恢复操作简便。

    5. 流量大，压力损耗小。

    6. 切断功效高，物料介质溢出极少。

    7. 分量轻巧而结构可靠。

参考 1 《特种设备生产和充装单位许可规则》（ TSG 07—2019 ）

修改补充单 C3.4.2 专用的充装台（线）和充装装置的配置

  （1）装卸用管应当符合相关标准的技术及安全要求；

  （2）装卸用管与移动式压力容器有可靠的连接方式；

  （3）具有防止装卸用管拉脱的联锁保护装置或者措施；

  （4）所选用装卸用管的材料应当与充装介质相容；

（5）充装冷冻液化气体的装卸用管以及紧固件的材料，应当能够满足低温性能要求，禁止使用软管充装液氯、液氨、液化石油气、液化天然气等液化危险化学品；

（6）易燃、易爆、有毒介质的充装系统，应当具有处理充装前置换介质的措施及充装后密闭回收介质的设施，并且符合有关规范及相关标准的要求。

◁ 参考2 《液氨使用与储存安全技术规范》（DB11/T 1014—2021）

5.2.2 液氨罐车装卸应采用金属万向管道充装系统，禁止使用软管装卸。液氨装卸用管应符合 TSGR 0005—2011 的有关要求以及以下要求：

a）装卸用管与液氨罐车的连接应当可靠；

b）有防止装卸用管拉脱的安全保护措施；从液氨充装风险管控来说，建议装卸液氨的鹤管加装拉断阀。

◁ 参考3 另外依据还有《液氨存储与装卸作业安全技术规范》（DB37/T 1914—2011）、《山东省可燃液体、液化烃及液化毒性气体汽车装卸设施安全改造指南（试行）》（鲁安办发〔2024〕2号）。

小结： 拉断阀一般用来防止罐车在装卸过程中突然移动，破坏管道而设置的防拉断措施。

问 111 旋风除尘器的泄爆装置怎么确定？旋风除尘器是不规则形状的锥体，好安装抑爆装置吗？

答： 相关参考如下：

参考1 旋风除尘器是利用旋转气流产生的离心力使尘粒从气流中分离的，一般用来分离粒径大于 5μm 的尘粒。旋风除尘器的泄爆装置可依据《粉尘爆炸泄压指南》（GB/T 15605—2008）进行确定。

参考2 《粉尘爆炸泄压指南》（GB/T 15605—2008）

4.1.4 若旋风除尘器为不规则形状的锥体，安装方面存难度时，无法设置足够的泄压面积，可考虑综合应用爆炸泄压和其他爆炸控制技术，例如抑爆和抗爆性设计等。

另外可与专门厂商联系定制，主要应注意安装时泄爆方向安全性的考虑。其次对于综合应用爆炸泄压和其他爆炸控制技术时，建议咨询设计院进行设计计算。

小结： 泄爆装置的设计和选型可参考《粉尘爆炸泄压指南》（GB/T 15605—2008），对于实际安装存在困难时，可采用其他措施。若采用抑爆装置，需执行相关抑爆规范。

问 112 易燃易爆场所内的机泵联轴器护罩可以用铁质材料吗？

答： 不可以。

‹ **参考1** 《石油化工用机泵工程设计规范》(GB/T 51007—2014)

10.3.3 机泵的联轴器、传动轮等外置的转动部件应设置全封闭的可拆式安全防护罩。危险场合使用的机泵，其防护罩应由不产生火花的材料制成。

‹ **参考2** 《机械安全防护装置固定式和活动式防护装置设计与制造一般要求》(GB/T 8196—2003)

5. 防护装置的设计制造一般要求

5.15 可燃性

在存在可预见的火灾风险场合，选择的材料应具有抗火花和阻燃的特性，而且不应吸收或释放可燃液体气体等

小结： 主要目的是防止机泵转动部件与防护罩摩擦产生火花，在火灾爆炸危险场所造成事故。常见的可用作防护罩的材料有铜及铜合金、铝等，并具有足够强度、刚度和合适形状、尺寸。

问 **113** 容积式泵出口安全阀的整定压力及泄放量怎么算？

答： 1. 若泵本体自带安全阀，该安全阀的整定压力和泄放量已由制造商计算并整定符合要求，随机文件中也有相应的参数。

2. 泵出口管道安全阀建议参照《安全阀的设置和选用》（HG/T 20570.2—95）、《压力管道规范 工业管道 第2部分：材料》（GB/T 20801.2—2020）、《石油化工装置安全泄压设施工艺设计规范》（SH/T 3210—2020）等计算泄放量和确定压力整定值。（三个规范中计算方法基本上一致）。

小结： 安全阀的整定压力及泄放量根据容积式泵的数据特性表，按照上述标准进行计算和整定。

问 114 隔膜气压罐未设计安全阀合规吗？

答： 符合要求。这是消防供水系统稳压罐，只起稳压作用减少稳压泵启停次数，供水管道有单独的防止超压的安全设施。

参考1 《消防给水及消火栓系统技术规范》（GB 50974—2014）

5.3.4 设置稳压泵的临时高压消防给水系统应设置防止稳压泵频繁启停的技术措施，当采用气压水罐时，其调节容积应根据稳压泵启泵次数不大于 15 次/h 计算确定，但有效储水容积不宜小于 150 L。

参考2 《建筑给水排水设计标准》（GB 50015—2019）

3.5.12 当给水管网存在短时超压工况，且短时超压会引起使用不安全时，应设置持压泄压阀。持压泄压阀的设置应符合下列规定：

1. 持压泄压阀前应设置阀门；

2. 持压泄压阀的泄水口应连接管道间接排水，其出流口应保证空气间隙不小于 300mm。

注：泄压/持压阀主要用于消防或其他供水系统中，以防止系统超压或维持消防供水系统的压力。消防泵关闭后还可以特性，使比重较大、直径较大的悬浮颗粒不会进入控制系统，确保系统循环畅通无阻，使阀门能安全可靠地运行。系统动作平稳、强度高、使用寿命长。适用于 600 口径以下的管道。

参考3 《石油化工企业设计防火标准》GB 50160—2008（2018年版）

8.3.5 消防水泵的吸水管、出水管应符合下列规定第 3 款：泵的出水管道应设防止超压的安全设施。

小结： 如果和隔膜气压罐连通的上下游管道上有安全泄压设施时，隔膜气压罐可不设安全阀。

问 115 液化烃储罐上的安全阀应设置副线或紧急放空线，是设置在储罐上还是安全阀进口管线上？是否可以设置远程控制的调节阀用于泄压？

答： 安全阀及副线应设置在罐体的气体放空集合总管上，并应高于罐顶；储罐可以设置远程控制的调节阀用来泄压。

> **参考1** 《石油化工储运系统罐区设计规范》（SH/T 3007—2014）

6.4.2 d）压力储罐应设在线备用安全阀和1个安全阀副线。安全阀前后应分别设1个全通径切断阀，并应在设计图纸上标注 LO（铅封开）。

> **参考2** 《石油化工储运系统罐区设计规范》（SH/T 3007—2014）

6.2.3 储罐的气体放空管管径不应小于安全阀的入口直径，并应安装在罐体顶部。当罐体顶部设有人孔时，气体放空接合管可设置在人孔盖上。

> **参考3** 《石油化工储运系统罐区设计规范》（SH/T 3007—2014）

6.4.2 e）安全阀应设置在罐体的气体放空接合管上，并应高于罐顶。

> **参考4** 《液化烃罐区安全管理规范》（T/CCSAS 016—2022）相关条款中也提到副线和放空管线相关要求，可以查阅。

> **参考5** 《化工企业液化烃储罐区安全管理规范》（AQ 3059—2023）

6.1.3 液化烃全压力式储罐、半冷冻式储罐的罐本体或气相连通平衡线应设有超压安全排放系统功能的泄压调节阀，此泄压调节阀应具备远程控制和就地控制功能。

小结： 液化烃储罐的安全阀副线或放空线应设置在储罐的气相放空集合总管上，可以设置远程控制的调节阀用来泄压。

问 116 爆破片需要检验还是直接更换？

答： 不需要特殊维护，但需要定期检查和定期更换。相关参考如下：

参考1 《爆破片的设置和选用》（HG/T 20570.3—95）

10.0.3 爆破片的维护

10.0.3.1 正常情况下，爆破片不需特殊维护。

10.0.3.2 爆破片应定期检验，检查表面有无伤痕、腐蚀、变形和异物吸附。

10.0.3.3 爆破片应定期更换。

参考2 《爆破片装置安全技术监察规程》（TSG ZF003—2011）和《爆破片装置安全技术监察规程》（TSG ZF003—2011/XG 1—2017 B6）

使用：使用单位应当对爆破片装置进行日常检查、定期检查以及定期更换，并且保留爆破片装置使用技术档案。

B6.3.1 爆破片更换

爆破片更换周期应当根据设备使用条件、介质性质等具体影响因素，或者设计预期使用年限合理确定，一般情况下爆破片装置更换周期为 2 至 3 年。对于腐蚀性、毒性介质以及苛刻条件下使用的爆破片装置应当缩短更换周期。

爆破片装置出现以下情况时，应当立即更换：

（1）存在 B6.2 中（1）～（3）所述问题；

（2）设备运行中出现超过最小爆破压力而未爆破；

（3）设备运行中出现使用温度超过爆破片装置材料允许使用温度范围；

（4）设备检修中拆卸；

（5）设备长时间停工后（超过 6 个月），再次投入使用。

小结： 爆破片属于重要的安全泄压设施之一，企业应定期进行检查更换，若出现《爆破片装置安全技术监察规程》附录 B 立即更换的情景时，需立即进行更换。

问 117 石油化工企业生产系统内反应釜、缓冲罐等设备未设置安全泄放措施（系统压力 0.175MPa，前后系统的设备有安全阀），应按哪个规范设计整改？

答： 相关设备操作压力大于 0.1MPa，属于压力容器，应明确设备所在的同一压力系统是否设置安全阀；具体设置应根据设备上下游的连通性及上下游管道和设备的泄放措施进行综合分析，建议委托专业设计院进行分析设计。

> **参考** 《石油化工企业设计防火标准》GB 50160—2008（2018 年版）

5.5.1 在非正常条件下，可能超压的下列设备应设安全阀：

顶部最高操作压力大于等于 0.1MPa 的压力容器；

5.5.3 下列的工艺设备不宜设安全阀：

在同一压力系统中，压力来源处已有安全阀，则其余设备可不设安全阀。

问 118 什么规范要求涉及环氧乙烷的反应器和管线必须设置爆破片和安全阀相结合的泄压措施？

答： 相关参考如下：

> **参考1** 《石油化工企业设计防火标准》GB 50160—2008（2018 年版）

5.5.9 较高浓度环氧乙烷设备的安全阀前应设爆破片，爆破片入口管道应设氮封，且安全阀的出口管道应充氮。

条文说明：在紧急排放环氧乙烷的地方为防止环氧乙烷聚合，安全阀

141

前应设爆破片，爆破片入口管道设氮封，以防止其自聚堵塞管道，安全阀出口管道上设氮气，以稀释所排出环氧乙烷的浓度，使其低于爆炸极限。

参考2　《安全阀与爆破片安全装置的组合》（GB/T 38599—2020）

4.1　组合装置用于防止压力容器、管道和其他密闭容器超压，主要用于以下目的：

a. 防止安全阀腐蚀、结垢，或其他影响安全阀性能的工况；

b. 防止安全阀泄漏；

c. 防止爆破片爆破后造成物料损失。

小结： 环氧乙烷容易聚合，聚合后会严重影响安全阀阀盘的起跳性能，造成安全阀失效，故在泄放口和安全阀的入口之间充氮，并在泄放口处安装爆破片。

问 **119**　玻璃管液位计不能用在哪些场合？相关规范有什么要求？

答： 相关参考如下：

参考1　《化工企业安全卫生设计规范》（HG 20571—2014）

5.6.2　具有化学灼伤危害的作业应采用机械化、管道化和自动化，并安装必要的信号报警、安全联锁和保险装置，不得使用玻璃等易碎材料制成的管道、管件、阀门、流量计、压力计等。

参考2　《石油化工储运系统罐区设计规范》（SH/T 3007—2014）

6.3.2　压力储罐液位测量应设一套远传仪表和一套就地指示仪表，就地指示仪表不应选用玻璃板液位计。

参考3　《钢制化工容器结构设计规范》（HG/T 20583—2020）

7.1.3　容器中盛装易爆介质和毒性危害程度为中度、高度、极度介质时不应选用玻璃管液面计和玻璃浮子液面计。

> **参考 4** 《石油化工罐区自动化系统设计规范》（SH/T 3184—2017）

4.2.4.8 如需要就地液位指示仪表，不应采用玻璃板液位计。

> **参考 5** 《液化烃球形储罐安全设计规范》（SH 3136—2003）

5.3.1 液化烃球形储罐应设就地和远传的液位计，但不宜选用玻璃板液位计。所采用的液位计应安全、可靠，并尽可能减少在液化烃球形储罐上的开孔数量。

> **参考 6** 《自动化仪表选型设计规范》（HG/T 20507—2014）

7.2.2 玻璃板液位计的选型应符合下列要求：

9 剧毒介质的就地液位指示，不得选用玻璃板液位计。

小结： 玻璃管液位计属于易碎品，对于一些剧毒、易燃易爆类介质设备的液位计来说，不应使用玻璃管液位计。

问 120 液化天然气压力储罐除了设置安全阀外，还需要设置备用安全阀和紧急放空线吗？

答： 是的。相关参考如下：

> **参考 1** 《石油化工储运系统罐区设计规范》（SH/T 3007—2014）

6.4.2 压力储罐的安全阀设置应符合下列规定：

a）安全阀的设置应符合 TSG R0004 的有关规定；

b）安全阀的规格应按 GB 150 的有关规定计算出的泄放量和泄放面积确定；

c）安全的开启压力（定压）不得大于储罐的设计压力；

d）压力储罐安全阀应设在线备用安全阀和 1 个安全阀副线。安全阀前后应分别设 1 个全通径切断阀，并应在设计图纸上标注 LO（铅封开）。

> **参考 2** 《液化烃罐区安全管理规范》（T/CCSAS 016—2022）

5.3 工艺及设备

5.3.1 液化烃储罐应设在线备用安全阀。安全阀的设置应符合 TSG 21 的有关规定。安全阀前后均应设有手动全通径切断阀，切断阀流道面积不小于安全阀入口、出口截面积，正常运行时保持全开状态，并设铅封或锁定。

5.3.2 液化烃储罐安全阀应设副线或紧急放空线，每个安全阀和副线或紧急放空线的能力均应满足事故状态下安全泄放量的要求，副线或紧急放空管直径不应小于安全阀的入口直径。

5.3.2 明确液化天然气罐除了设置安全阀外，还应设副线或紧急放空线（与安全阀并联）。如下图所示：

小结： 液化天然气罐除了设置安全阀外，还应设副线或紧急放空线。

问 121 呼吸阀需不需要安装根部阀，后期如何下线检修？

答： 呼吸阀下面加阀门是可选的，取决于使用环境和需求。一般情况下，呼吸阀本身已具有防止气体逆流的作用，所以并不需要加装阀门。但在某些特殊环境下，比如有毒气体存在的情况下，加装阀门能够提高呼吸阀的防护能力，从而更加保险和安全。因此，在使用呼吸阀时，要根据实际需要来考虑是否需要加装阀门。为了防止单台呼吸阀故障导致超压或超真空，大于或等于4000m³的储罐通常现场设计是安装两台阻火呼吸阀。

呼吸阀检查、维护和检修应遵循国家有关要求，加强对呼吸阀等安全设施的检查维护和预防性维修，应制定定期检查检测表，填写检查维护记录，确保呼吸阀等安全设施完整性。按照规范要求定期对呼吸阀检验，每年至少一次，可以在线检验或离线检验，下线检修作业会涉及多种作业和资源，应做好检修方案，确保安全。常压储罐未纳入特种设备管理，呼吸阀也未纳入特种设备安全附件管理，但呼吸阀是保证常压储罐安全运行的关键安全设施，应作为关键安全设施管理，严格执行有关的要求。相关参考如下：

‹ 参考1 《石油化工储运系统罐区设计规范》（SH/T 3007—2014）

第5章　常压和低压储罐区　5.1.2　固定顶罐（包括采用氮气或其他惰性气体密封保护的内浮顶储罐）宜设置量油孔、透光孔、人孔、排污孔（或清扫孔）、排水管和通气管；

5.1.3　下列储罐通向大气的通气管上设呼吸阀：

a）储存甲B、乙类液体的固定顶储罐和地上卧式储罐；

b）采用氮气或其他惰性气体保护系统的储罐。

为了防止单台呼吸阀故障导致超压或超真空，大于或等于4000m³的储罐通常现场设计是安装两台阻火呼吸阀。

‹ 参考2 《常压储罐完整性管理》（GB/T 37327—2019）

8.6　呼吸阀检验和评价

8.6.1　常压储罐用呼吸阀每年至少进行一次检验。

> **参考 3** 《危险化学品企业安全风险隐患排查治理导则》

企业应对储罐呼吸阀（液压安全阀）、阻火器、泡沫发生器、液位计、通气管等安全附件按规范设置，并定期检查或检测，填写检查维护记录。

> **参考 4** 《国家安全监管总局关于进一步加强化学品罐区安全管理的通知》（安监总管三〔2014〕68号）

（四）加强化学品罐区设备设施管理。对化学品罐区设备设施要定期检查检测，确保储罐管线阀门、机泵等设备设施完好。加强化学品储罐腐蚀监控，定期清罐检查，发现腐蚀减薄及时处理。确保储罐安全附件和防雷、防静电、防汛设施及消防系统完好；有氮气保护设施的储罐要确保氮封系统完好在用。

小结： 呼吸阀下方加不加根部阀，标准没有要求。用户企业可根据实际情况决定是否安装。

问 122 呼吸阀如何运维？

答： 呼吸阀常见故障主要有：漏气、卡死、黏结、堵塞、冻结以及压力阀和真空阀常见开等。

1. 漏气：一般是由于锈蚀、硬物划伤阀与阀盘的接触面、阀盘或阀座变形及阀盘导杆倾斜等原因造成。

2. 卡死：多发生在由于呼吸阀安装不正确或油罐变形导致阀盘导杆歪斜以及阀杆锈蚀的情况下，阀座在沿导杆上下活动中不能到位，将阀盘卡于导杆某一部位。

3. 黏结：是因为有蒸气、水分与沉积于阀盘、阀座、导杆上的尘土等杂物混合发生化学物理变化，久而久之使阀盘与阀座或导杆黏结在一起。

4. 堵塞：主要是由于机械呼吸阀长期未保养使用，致使尘土、锈渣等杂物沉积于呼吸阀内或呼吸管内，以及蜂或鸟在呼吸阀口筑巢等原因，使呼吸阀堵塞。

5. 冻结：是因为气温变化，空气中的水分在呼吸阀的阀体、阀盘、阀座和导杆等部位凝结，进而结冰，使阀难以开启。

以上这些故障，有的使呼吸阀达到控制压力时不能动作，造成油罐超压，危及油罐安全；有的则使呼吸阀失去作用，造成大小呼吸失控，从而增加进料的蒸发损耗，使介质质量下降，加重区域大气污染，影响操作人员身体健康，增加区域危险因素。

在例行巡检和每次作业时，要从外观和现象上加强检测分析，及时发现问题，及时解决。如储罐罐体和呼吸阀阀体有无异常变化；储罐进出物料作业时，呼吸阀运行情况是否正常；U 型压力计的压表是否正常；封口网有没有破损，是否畅通；储罐管道式呼吸阀阀体有无漏气等。

呼吸阀检查与维护内容：

① 打开顶盖，检查呼吸阀内部的阀盘、阀座、导杆、导孔、弹簧等有无生锈和积垢，并进行清洁，必要时用煤油清洗。

② 检查阀盘活动是否灵活，有无卡死现象，密封面（阀盘与阀座的接触面）是否良好，必要时进行修理，由于密封面的材料为有色软金属，在对其研磨时，要选用较细的研磨剂。

③ 检查阀体封口网是否完好，有无冰冻、堵塞等现象，擦去网上的锈污和灰尘，保证气体进出畅通。

④ 检查压盖衬垫是否严密，必要时进行更换，给螺栓加油。

呼吸阀的检查周期

① 全天候阻火呼吸阀在冬季使用时，当气温低于 0℃以下时，每周至少进行一次检查，防止阀盘与阀座因寒冷结冰粘住而失灵。

② 对于地面罐和半地下罐的全天候防爆呼吸阀，每年的一、四季度每月检查两次，二、三季度每月检查一次。

③ 对于油库区的全天候防爆呼吸阀，每半年检查一次。

小结： 呼吸阀对于储罐来说，是重要的气相压力调节设施，故保障呼吸阀的正常持续运行至关重要，呼吸阀应进行定期检验和维护。

问 123 液氨储罐的安全阀泄压排放口需要引到室外吗？

答： 需要。相关参考如下：

参考1 《石油化工储运系统罐区设计规范》（SH/T 3007—2014）

6.4.2　g）安全阀排出的气体应排入火炬系统。排入火炬系统确有困难时，除Ⅰ～Ⅲ级有毒气体外，其他可燃气体可直接排入大气，但其排气管口应高出 8m 范围内储罐罐顶平台 3m 以上，也可将安全阀排出的气体引至安全地点排放。

参考2 《液化烃罐区安全管理规范》（T/CCSAS 016—2022）

5.3.4　有可能被环氧乙烷、丁二烯等可自聚物料堵塞，或被其他腐蚀性介质腐蚀的安全阀，在安全阀前宜设有爆破片，或在其进出口管道上设有吹扫措施；在最冷月平均气温低于 0℃的地区，对于含水物料的安全阀进出管道应有防冻措施。

5.3.5　安全阀或者爆破片的排出口应装设导管，将排放介质引至安全地点（如火炬管网等），并且进行妥善处理。

5.3.6　液化烃放空管道内的凝结液应进行密闭处理，不应随地排放。

5.3.7　因事故可能产生低温的气体排放系统应符合 SH 3009—2013 的有关规定。π形补偿器应水平安装；低温管道器材的选用应符合 SH/T 3059—2012 的有关规定。低温气体如可能携带液化烃液体时，在排入全厂性火炬总管前应设置分液罐或气化器。

小结：液氨具有毒性，同时也易燃易爆，故液氨储罐安全阀的排放口要引入室外安全地点排放，并且不得朝向有人员和车辆通行的方向。

问 124 爆破片前是否可以设阀门？

答：可以，但有条件要求。相关参考如下：

> **参考 1** 《承压设备安全泄放装置选用与安装》（GB/T 37816—2019）

4.9 安全泄放装置进出口管路一般不准许设置截断阀。当需设置截断阀时应加铅封或锁定，且保证截断阀在全开状态。

> **参考 2** 《爆破片安全装置 第 2 部分 应用、选择和安装》（GB 567.2—2012）

6.1.2.9 在爆破片安全装置排放系统中，一般不应设置截止阀，当符合 6.1.4 条时，可设置截止阀。

> **参考 3** 《固定式压力容器安全技术监察规程》（TSG 21—2016）

9.1.3 （4）超压泄放装置与压力容器之间一般不宜安装截止阀门；为实现安全阀的在线校验，可在安全阀与压力容器之间安装爆破片装置；对于盛装毒性危害程度为极度、高度、中度危害介质，易爆介质，腐蚀、黏性介质或者贵重介质的压力容器，为便于安全阀的清洗与更换，经过使用单位安全管理负责人批准，并且制定可靠的防范措施，方可在超压泄放装置与压力容器之间安装截止阀门，压力容器正常运行期间截止阀门必须保证全开（加铅封或者锁定），截止阀门的结构和通径不得妨碍超压泄放装置的安全泄放。

小结：爆破片属于重要的泄压设施之一，一般其入口不设置阀门，若需要设置切断阀，切断阀应铅封锁开。

问 **125** 石油化工企业工艺装置和压力储罐是否需设置备用安全阀？

答： 建议按照标准规范、工艺特点以及实际的检修操作周期确定。

‹ 参考1 《承压设备安全泄放装置选用与安装》（GB/T 37816—2019）

5.1.4 以下工况应考虑并联设置两个或多个安全阀：

a）为确保承压设备安全运行或需要在保持设备连续运行状态下维护或更换安全阀的，应设置两个安全阀及安全阀快速切换装置，且单个安全阀能满足承压设备所需的安全泄放量要求；

b）单个安全阀不能满足承压设备的实际泄放工况要求时，应设置两个或多个安全阀；

c）在特殊工况条件下，安全阀产品本身存在失效风险的，应至少设置两个安全阀。

‹ 参考2 《炼油装置工艺管道流程设计规范》（SH/T 3122—2013）

20.3 下列情况之一时，泄放系统应设置备用安全阀，备用数量可按 $n+1$ 考虑（n 为放计算需要的安全阀数量）：

a）安全阀存在泄漏的历史记录；

b）安全阀存在堵塞时；

e）介质存在腐蚀性时；

d）介质易结垢时；

e）有在线检修或在线检验的要求时；

f）存在其他影响安全阀性能的故障记录。

‹ 参考3 《石油化工储运系统罐区设计规范》（SH/T 3007—2014）

6.4.2 压力储罐的安全阀设置应符合下列规定：

d）压力储罐安全阀应设在线备用安全阀和1个安全阀副线。安全阀前后应分别设 1 个全通径切断阀，并应在设计图纸上标注 LO（铅封开）。

小结：石油化工企业工艺装置和压力储罐的安全阀是否需设置备用安全阀，需根据具体的工艺流程、检验周期、检修间隔等综合分析确定。

问 126　石油化工企业工艺装置和压力储罐一开一备的安全阀 PSV（A/B），若进出口均设有切断阀，该切断阀如何设置开关状态？

答：石油化工企业工艺装置压力容器设置的一开一备安全阀 PSV（A/B），投用安全阀 PSV（A）进出口切断阀均设置为铅封开（CSO）或锁开（LO）；备用安全阀 PSV（B）入口切断阀设置为铅封关（CSC）或锁关（LC），出口切断阀设置为铅封开（CSO）或锁开（LO）。

炼化企业压力储罐设置的一开一备安全阀 PSV（A/B），备用安全阀 PSV（B）应设置为在线备用，投用安全阀 PSV（A）和备用安全阀 PSV（B）进出口切断阀均设置为铅封开（CSO）或锁开（LO）。相关参考如下：

‹ 参考1 《炼油装置工艺管道流程设计规范》（SH/T 3122—2013）

20.4　当有备用安全阀时，安全阀入口和出口应设置切断阀。正常使用的安全阀入口和出口切断阀应铅封开或锁开；备用安全阀入口切断阀应铅封关或锁关，出口切断阀应铅封开或锁开。

‹ 参考2 《石油化工储运系统罐区设计规范》（SH/T 3007—2014）

6.4.2　压力储罐的安全阀设置应符合下列规定：

d）压力储罐安全阀应设在线备用安全阀和 1 个安全阀副线。安全阀前后应分别设 1 个全通径切断阀，并应在设计图纸上标注 LO（铅封开）。

小结：主安全阀的前后切断阀应当铅封锁开，对于备用安全阀来说，根据企业应用场景的不同，参考上述两个标准对照执行。

HSE

HEALTH SAFETY
ENVIRONMENT

附录

主要参考的法律法规及标准清单

一、特种设备安全技术规程

1.《压力管道定期检验规则　工业管道》（TSG D7005—2018）

2.《爆破片装置安全技术监察规程》（TSGZF 003—2011）

3.《固定式压力容器安全技术监察规程》（TSG 21—2016）第 1 号修改单（对 2016 年 2 月第 1 版的修改）

4.《锅炉安全技术规程》（TSG 11—2020）

5.《特种设备生产和充装单位许可规则》（TSG 07—2019）

6.《特种设备使用管理规则》（TSG 08—2017）

7.《特种设备作业人员监督管理办法（国家质量监督检验检疫总局令第 140 号）》

8.《压力管道安全技术监察规程 - 工业管道》（TSG D0001—2009）

9.《压力管道监督检验规则》（TSG D7006—2020）

10.《压力容器法兰用紧固件》（NB/T 47027—2012）

11.《固定式压力容器安全技术监察规程》（TSG 21—2016）

12.《安全阀安全技术监察规程》（TSG ZF001—2006）

13. 质检总局关于修订《特种设备目录》的公告（2014 年第 114 号）

14.《塔式起重机操作使用规程》（JG/T 100—1999）

15.《承压设备安全泄放装置选用与安装》（GB/T 37816—2019）

二、国家标准

16.《安全色》（GB 2893—2008）

17.《便携式木梯安全要求》（GB 7059—2007）

18.《城镇燃气设计规范》（GB 50028—2020）

19.《储罐区防火堤设计规范》（GB 50351—2014）

20.《工业金属管道工程施工规范》（GB 50235—2010）

21.《工业金属管道设计规范》GB 50316—2000（2008 年版）

22.《工业企业煤气安全规程》（GB 6222—2005）

23.《工业设备及管道绝热工程设计规范》（GB 50264—2013）

24.《锅炉房设计标准》（GB 50041—2020）

25.《机械设备安装工程施工及验收通用规范》GB 50231—2009（2023年修订）

26.《加氢站技术规范》GB 50516—2010（2021年版）

27.《建筑防火通用规范》（GB 55037—2022）

28.《建筑给水排水设计标准》（GB 50015—2019）

29.《精细化工企业工程设计防火标准》（GB 51283—2020）

30.《立式圆筒形钢制焊接油罐设计规范》（GB 50341—2014）

31.《氯气安全规程》（GB 11984—2008）

32.《起重机械安全规程　第1部分：总则》（GB 6067.1—2010）

33.《氢气使用安全技术规程》（GB 4962—2008）

34.《深度冷冻法生产氧气及相关气体安全技术规程》（GB 16912—2008）

35.《石油化工非金属管道工程施工质量验收规范》（GB 50690—2011）

36.《石油化工工厂布置设计规范》（GB 50984—2014）

37.《石油化工金属管道工程施工质量验收规范》（GB 50517—2010）

38.《石油化工装置防雷设计规范》（GB 50650—2011）

39.《石油库设计规范》（GB 50074—2014）

40.《危险化学品经营企业安全技术基本要求》（GB 18265—2019）

41.《危险化学品企业特殊作业安全规范》（GB 30871—2022）

42.《物流建筑设计规范》（GB 51157—2016）

43.《消防给水及消火栓系统技术规范》（GB 50974—2014）

44.《压力管道规范》（GB 20801.4—2020）

45.《爆破片安全装置　第二部分：应用、选择与安装》（GB 567.2—2012）

46.《固定式钢梯及平台安全要求 第 1 部分：钢直梯》（GB 4053.1—2009）

47.《固定式钢梯及平台安全要求 第 2 部分：钢斜梯》（GB 4053.2—2009）

48.《固定式钢梯及平台安全要求 第 3 部分：工业防护栏杆及钢平台》（GB 4053.3—2009）

49.《工业管道的基本识别色、识别符号和安全标识》（GB 7231—2003）

50.《易燃易爆罐区安全监控预警系统验收技术要求》（GB 17681—1999）

51.《建筑设计防火规范》GB 50016—2014（2018 年版）

52.《爆炸危险环境电力装置设计规范》（GB 50058—2014）

53.《汽车加油加气加氢站技术标准》（GB 50156—2021）

54.《电力工程电缆设计标准》（GB 50217—2018）

55.《石油化工厂区管线综合技术规范》（GB 50542—2009）

56.《石油化工大型设备吊装工程规范》（GB 50798—2012）

57.《液化天然气接收站工程设计规范》（GB 51156—2015）

58.《建筑物防雷设计规范》（GB 50057—2010）

59.《石油化工企业设计防火标准》GB 50160—2008（2018 年版）

60.《危险化学品企业特殊作业安全规范》（GB 30871—2022）

61.《起重机械安全规程》（GB 6067—2010）

62.《氯气职业危害防护导则》（GBZ/T 275—2016）

63.《压力容器 第一部分：通用要求》（GB/T 150.1—2024）

64.《管道系统安全信息标记 设计原则与要求》（GB/T 38650—2020）

65.《安全阀与爆破片安全装置的组合》（GB/T 38599—2020）

66.《爆炸危险化学品储罐防溢系统功能安全要求》（GB/T 41394—

2022）

67.《常压储罐完整性管理》（GB/T 37327—2019）

68.《承压设备安全泄放装置选用与安装》（GB/T 37816—2019）

69.《城镇供热用双向金属硬密封蝶阀》（GB/T 37828—2019）

70.《地上石油储（备）库完整性管理规范》（GB/T 42097—2022）

71.《电站锅炉技术条件》（GB/T 34348—2017）

72.《法兰接头安装技术规定》（GB/T 38343—2019）

73.《粉尘爆炸泄压指南》（GB/T 15605—2008）

74.《粉尘防爆安全规程》（GB 15577—2018）

75.《钢丝绳夹》（GB/T 5976—2006）

76.《钢制管法兰 第 1 部分：PN 系列 _ 第 2 部分：Class 系列》（GB/T 9124.1_2—2019）

77.《钢制球形储罐》（GB/T 12337—2014）

78.《工业车辆 电气要求》（GB/T 27544—2011）

79.《工业车辆 使用、操作与维护安全规范》（GB/T 36507—2023）

80.《工业阀门 安装使用维护 一般要求》（GB/T 24919—2010）

81.《工业阀门标志》（GB/T 12220—2015）

82.《呼吸防护用品的选择、使用与维护》（GB/T 18664—2002）

83.《机械安全 接近机械的固定设施 第 4 部分：固定式直梯》（GB/T 17888.4—2020）

84.《起重机 术语 第 1 部分：通用术语》（GB/T 6974.1—2008）

85.《气体焊接设备 焊接、切割和类似作业用橡胶软管》（GB/T 2550—2016）

86.《石油、天然气工业用螺柱连接阀盖的钢制闸阀》（GB/T 12234—2019）

87.《石油化工厂际管道工程技术标准》（GB/T 51359—2019）

88.《石油化工建设工程安全施工技术标准》（GB/T 50484—2019）

89.《图形符号 安全色和安全标志 第 1 部分：安全标志和安全标记的设计原则》（GB/T 2893.1—2013）

90.《往复式容积泵和泵装置 技术要求》（GB/T 40077—2021）

91.《危险化学品生产装置和储存设施外部安全防护距离确定方法》（GB/T 37243—2019）

92.《板式平焊钢制管法兰》（GB/T 9119—2010）

93.《化工园区公共管廊管理规程》（GB/T 36762—2018）

三、行业标准

94.《仓储场所消防安全管理通则》（XF 1131—2014）

95.《钢制常压储罐 第一部分：储存对水有污染的易燃和不易燃液体的埋地卧式圆筒形单层和双层储罐》（AQ 3020—2008）

96.《化工企业液化烃储罐区安全管理规范》（AQ 3059—2023）

97.《化学品生产单位盲板抽堵作业安全规范》（AQ 3027—2008）

98.《立式圆筒形钢制焊接储罐安全技术规程》（AQ 3053—2015）

99.《危险化学品储罐区作业安全通则》（AQ 3018—2008）

100.《油漆与粉刷作业安全规范》（AQ 5205—2008）

101.《化工企业安全卫生设计规范》（HG 20571—2014）

102.《大型设备吊装安全规程》（SY 6279—2022）

103.《常压立式圆筒形钢制焊接储罐维护检修规程》（SHS 01012—2004）

104.《石油化工金属管道布置设计规范》（SH 3012—2011）

105.《石油化工可燃性气体排放系统设计规范》（SH 3009—2013）

106.《液化烃球形储罐安全设计规范》（SH 3136—2003）

107.《石油化工紧急停车及安全联锁系统设计导则》（SHB-Z 06—1999）

108.《催化燃烧法工业有机废气治理工程技术规范》（HJ 2027—2013）

109.《建筑施工高处作业安全技术规范》（JGJ 80—2016）

110.《建筑机械使用安全技术规程》（JGJ 33—2012）

111.《电力设备典型消防规程》（DL 5027—2015）

112.《建筑施工起重吊装安全技术规范》（JGJ 276—2012）

113.《板式平焊钢制管法兰》（JB/T 81—2015）

114.《工业空气呼吸器安全使用维护管理规范》（AQ/T 6110—2012）

115.《合成氨生产企业安全标准化实施指南》（AQ/T 3017—2008）

116.《化工过程安全管理导则》（AQ/T 3034—2022）

117.《化工企业定量风险评价导则》（AQ/T 3046—2013）

118.《安全阀的设置和选用》（HG/T 20570.2—95）

119.《爆破片的设置和选用》（HG/T 20570.3—95）

120.《阀门的设置》（HG/T 20570.18—95）

121.《钢制管法兰（Class 系列)》（HG/T 20615—2009）

122.《钢制管法兰（PN 系列)》（HG/T 20592—2009）

123.《钢制管法兰、垫片、紧固件选配规定（Class 系列)》（HG/T 20635—2009）

124.《钢制化工容器结构设计规范》（HG/T 20583—2020）

125.《工艺系统工程设计技术规定 火炬系统设置》（HG/T 20570.12—1995）

126.《化工企业静电接地设计规程》（HG/T 20675—1990）

127.《化工设备、管道外防腐设计规范》（HG/T 20679—2014）

128.《化工装置设备布置设计规定 第 2 部分：设计工程规定》（HG/T 20546.2—2009）

129.《仪表供气设计规范》（HG/T 20510—2014）

130.《仪表配管配线设计规范》（HG/T 20512—2014）

131.《阻火器的设置》（HG/T 20570.19—95）

132.《钢制管法兰用紧固件（PN 系列）》（HG/T 20613—2009）

133.《石油化工氮氧系统设计规范》（SH/T 3106—2019）

134.《石油化工管道用金属软管选用、检验及验收》（SH/T 3412—2017）

135.《石油化工储运系统泵区设计规范》（SH/T 3014—2012）

136.《石油化工储运系统罐区设计规范》（SH/T 3007—2014）

137.《石油化工管道伴管及夹套管设计规范》（SH/T 3040—2012）

138.《石油化工管道柔性设计规范》（SH/T 3041—2016）

139.《石油化工罐区自动化系统设计规范》（SH/T 3184—2017）

140.《石油化工环境保护设计规范》（SH/T 3024—2017）

141.《石油化工静电接地设计规范》（SH/T 3097—2017）

142.《石油化工企业汽车、叉车运输设施设计规范》（SH/T 3033—2017）

143.《石油化工企业职业安全卫生设计规范》（SH/T 3047—2021）

144.《石油化工石油气管道阻火器选用、检验及验收》（SH/T 3413—2019）

145.《石油化工仪表供气设计规范》（SH/T 3020—2013）

146.《石油化工仪表及管道伴热和绝热设计规范》（SH/T 3126—2013）

147.《石油化工装置安全泄压设施工艺设计规范》（SH/T 3210—2020）

148.《石油化工自动化仪表选型设计规范》（SH/T 3005—2016）

149.《石油化工储运系统罐区设计规范》（SH/T 3007—2014）

150.《炼油装置工艺管道流程设计规范》（SH/T 3122—2013）

151.《炼油装置工艺管道流程设计规范》（SH/T 3122—2013）

152.《石油化工企业汽车、叉车运输设施设计规范》（SH/T 3033—2017）

153.《低温管道绝热工程设计、施工和验收规范》（SY/T 7419—2018）

154.《低温管道与设备防腐保冷技术规范》（SY/T 7350—2016）

155.《泄压和减压系统指南》（SY/T 10043—2002）

四、行政法规及部门规章等

156.《关于加强化工过程安全管理的指导意见》（安监总管三〔2013〕88号）

157.《关于进一步加强危险化学品安全生产工作的指导意见》（安委办〔2008〕26号）

158.《国家安全监管总局关于进一步加强化学品罐区安全管理的通知》（安监总管三〔2014〕68号）

159.《国务院安委会办公室关于加强天然气使用安全管理的通知》（安委办函〔2018〕104号）

160.应急管理部关于印发《淘汰落后危险化学品安全生产工艺技术设备目录（第一批)》的通知（应急厅〔2020〕38号）

161.《油气罐区防火防爆十条规定》安监总政法〔2017〕15号

162.《中华人民共和国特种设备安全监察条例》

163.《关于加强化工企业泄漏管理的指导意见》安监总管三〔2014〕94号

164.国家安全监管总局　工业和信息化部关于危险化学品企业贯彻落实《国务院关于进一步加强企业安全生产工作的通知》的实施意见（安监总管三〔2010〕186号）

165.国家安全生产监督管理总局令第40号（危险化学品重大危险源监督管理暂行规定）

166.国务院安委会办公室《关于进一步加强危险化学品安全生产工作的指导意见》（安委办〔2008〕26号）

167.国务院安委会办公室关于加强天然气使用安全管理的通知

168.劳动部关于颁发《爆炸危险场所安全规定》的通知

169.应急管理部办公厅关于印发《淘汰落后危险化学品安全生产工艺技术设备目录（第一批)》的通知

170.《山东省可燃液体、液化烃及液化毒性气体汽车装卸设施安全改造指南（试行)》(鲁安办发〔2024〕2号)

171.《山东省液氯储存装置及其配套设施安全改造和液氯泄漏应急处置指南》(鲁安办发〔2023〕14号)

172.《关于氯气安全设施和应急技术的指导意见》(中国氯碱工业协会[2010]第070号)

173.中石化《罐区隐患整改攻坚战指导意见》〔2016〕39号

五、团体标准及企业标准

174.《酸碱罐设计规范》石化联合会团体标准

175.《液氨存储与装卸作业安全技术规范》(DB37/T 1914—2011)

176.《液氨使用与储存安全技术规范》(DB11/T 1014—2021)

177.《氯碱生产氯气安全设施通用技术要求》(T/CCASC 1003—2021)

178.《液化烃罐区安全管理规范》(T/CCSAS 016—2022)

179.《危险化学品企业紧急切断阀设置和使用规范》(T/CCSAS 023—2022)

180.《液体物料泵区设计规定》(SDEP-SPT-ST 2006—2008)

181.《紧急切断阀工艺设计导则（试行)》DEP-T-PE 1530—2017 (中石化 SEG)

182.《便携式梯子使用安全管理规范》(Q/SY 1370—2011)

183.《危险化学品企业紧急切断阀设置和使用规范》(T/CCSAS 023—2022)

184.《中国石化炼化工程建设标准　柴油发电机组技术规定》(Q/SH 0700—2008)

185.《烧碱装置安全设计标准》(T/HGJ 10600—2019)